KB126683

디자이너와 인쇄 실무자를 위한

알기 쉬운 특수인쇄

오성상 · 여희교 지음

디자이너와 인쇄 실무자를 위한

알기 쉬운 **특수 인쇄**

초판 1쇄 인쇄 2009년 6월 25일
초판 1쇄 발행 2009년 6월 30일

지은이 오성상 · 여희교
펴낸곳 꿈틀
펴낸이 이봉신
출판등록 2005년 3월 25일 제 313-2005-000053호
주소 (121-816) 서울 마포구 동교동 156-2 마젤란21 오피스텔 1813호
전화 (02)323-3380
팩스 (02)323-3380
e-mail heegyo@empal.com / oss@shingu.ac.kr
북디자인 twinb.b.

ISBN 978-89-93709-04-9 03580
값 20,000원

머리말

최근 들어 광속보다 더 빠른 속도로 인쇄기술이 발전해 나가고 있다. 일상 생활 속에서 조금만 관심을 두고 보면 주위가 최신 인쇄기술로 포장된 제품들로 가득하다는 것을 알 수 있을 것이다. 이렇게 우리가 모르고 있는 사이에도 다양한 제품들의 외관, 포장이 여러 가지 인쇄기법으로 제작되고 있으며, 지금 이 순간에도 새로운 인쇄기술이 발명되고 있다. 이렇게 인쇄는 과거부터 우리의 생활과 밀접한 관련이 있었으며, 앞으로도 불변의 진리처럼 계속적으로 우리의 삶과 함께 할 것이다.

아무리 편리하며 새로운 제품이더라도 그 제품을 포장하는 미적인 요소가 경쟁력을 가지고 있지 않으면 시장에서 외면당할 수밖에 없으며, 그 미적인 디자인에 새로운 생명력을 부여해 줄 수 있는 것이 이 책에서 다루고자 하는 '특수 인쇄' 이다.

지금까지 '특수 인쇄' 는 일반인들이 상식적으로 알기에는 어려운 분야였으며, 인쇄와 관련된 학과에서만 어려운 용어를 사용하면서 배울 수 있는 기회를 제외하고는 '특수 인쇄' 분야는 극히 소수의 전공자, 전문가들의 고유의 영역이었다.

하지만, 소비자의 구매 성향은 나날이 까다로워지고 있으며, 그 소비자의 시선을 끌기에는 제품의 질 외에도 제품을 포장하는 디자인, 인쇄 기술이 접목되지 않으면 경쟁에서 살아남을 수 없다. 이러한 이유로 지금까지 소수의 전문가들에게만 제한적이었던 '특수 인쇄' 분야가 이제는 누구나 알아야만 하는 필수항목이 되었다.

'알기 쉬운 특수 인쇄' 는 전공분야에 관계없이 누가 읽더라도 이해하기 쉬우며, 충분히 상식적으로도 도움이 될 수 있도록 알기 쉽게 기술했다.

하지만, 내용의 깊이는 전문가 수준이라고 자부할 수 있으며 따라서, 디자인 · 인쇄와 관련된 실무자들이 옆에 두고 틈틈이 읽으면 실무에 바로 적용할 수 있도록 기술했다.

마지막으로 '알기 쉬운 특수 인쇄' 가 많은 실무자들에게 거대한 탑을 쌓을 수 있는 초석이 되었으면 더 할 나위 없겠다.

저자 오성상 · 여희교

contents...

제1장 ● 인쇄물을 만들기 위한 기본 지식

제2장 ● 식품 · 생활용품 인쇄

제3장 ● 특수 효과 인쇄

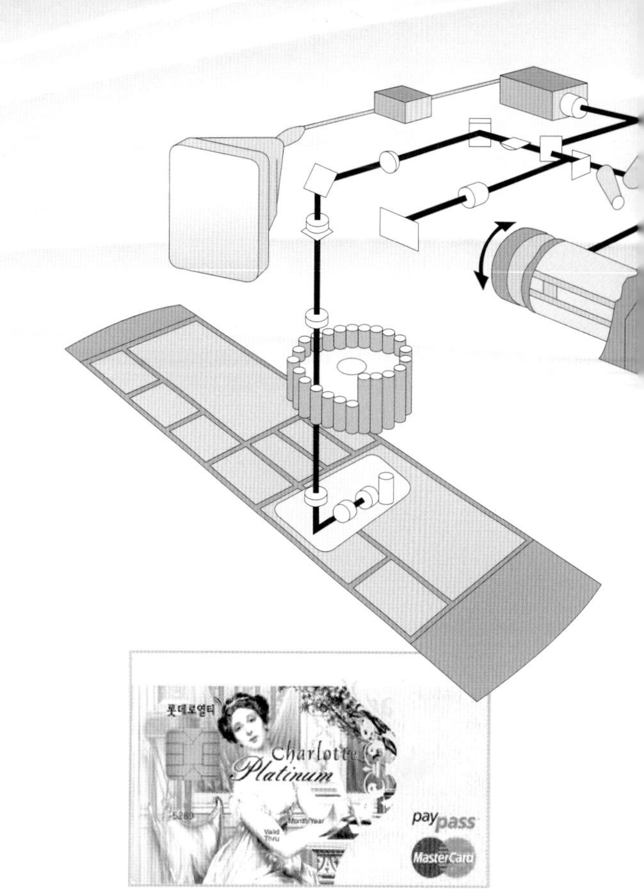

제4장 ● 특수 잉크 인쇄

제5장 ● 입체로 보이는 인쇄

제6장 ● 입체물에 하는 인쇄

제7장 ● 특수 기능이 요구되는 인쇄

인쇄물을 만들기 위한 기본 지식

(1) DTP에 의한 인쇄물 제작과정

(2) 종래의 인쇄 기술

(3) 활자로부터 시작된 볼록판 인쇄

(4) 물에 반발하는 성질을 사용하는 오프셋 인쇄

(5) 망사를 통해 잉크를 전사시키는 스크린 인쇄

(6) 에칭 기법으로 판을 제작하는 그라비어 인쇄

(7) 컬러 인쇄 방법

(8) 사진을 스캔하여 디지털로 만든다

(9) 개인용 스캐너와 디지털 카메라의 사용

(10) 색의 농담을 표현하는 방법

(11) 망점이 보이지 않는 고정밀 인쇄

(12) 목적에 맞는 종이의 선택

(13) 제책 공정의 여러 가지

(14) 마무리를 아름답게 하는 표면 가공

(15) 주문형 인쇄

(1) DTP에 의한 인쇄물 제작과정

■ 일반 워드프로세스는 DTP라고 할 수 없다

DTP(Desk Top Publishing)란 컴퓨터를 사용해 각종 인쇄물을 제작하는 기술이다. 현재 우리가 주위에서 흔히 접할 수 있는 신문, 잡지, 단행본, 전

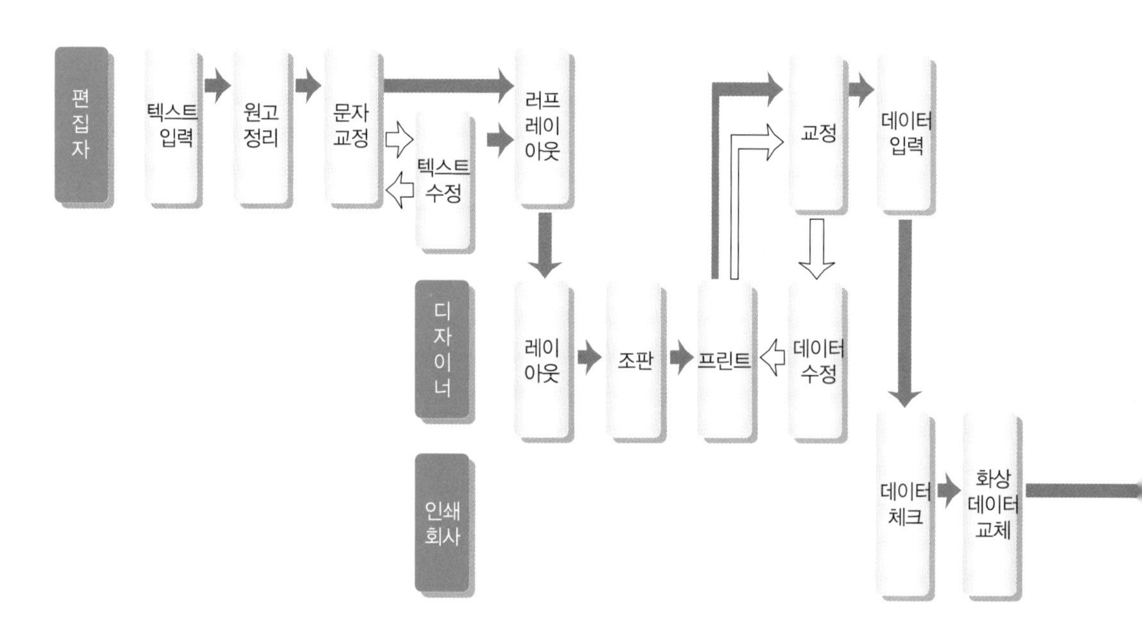

DTP에 의한 인쇄 전 공정

단지, 홍보물 등은 이 DTP 시스템을 사용하여 만들어지며, 만들어진 데이터는 디지털로 저장된다.

도서를 만드는 경우에 몇 년 전까지만 하더라도 원고지에 작성된 원고를 출판사에서 인쇄 작업에 용이하도록 데이터를 재가공하였지만, 현재는 대부분의 저자가 한글 또는 MS 워드를 사용하여 집필을 끝내면, 탈고된 원고는 바로 인쇄물 작성으로 이용되고 있어, 과거와 같이 출판사는 저자가 작성한 원고를 재입력하는 수고스러움은 거의 없어졌다고 볼 수 있다.

최근 새로 나온 워드 프로세서 프로그램은 레이아웃 기능이 풍부하여 간단하게 컬러풀한 원고를 작성할 수 있으며, 디지털 인쇄 기술의 진보로 인하여 별도의 추가 작업 없이 작성한 원고 그대로 인쇄물을 만들 수도 있다.

하지만, 대부분의 경우, 저자가 작성한 원고 그대로는 인쇄되지 않으며 출판사에서는 독자들이 책을 읽기 편하게 편집 및 디자인을 하여 독자들에게 제공하고 있다.

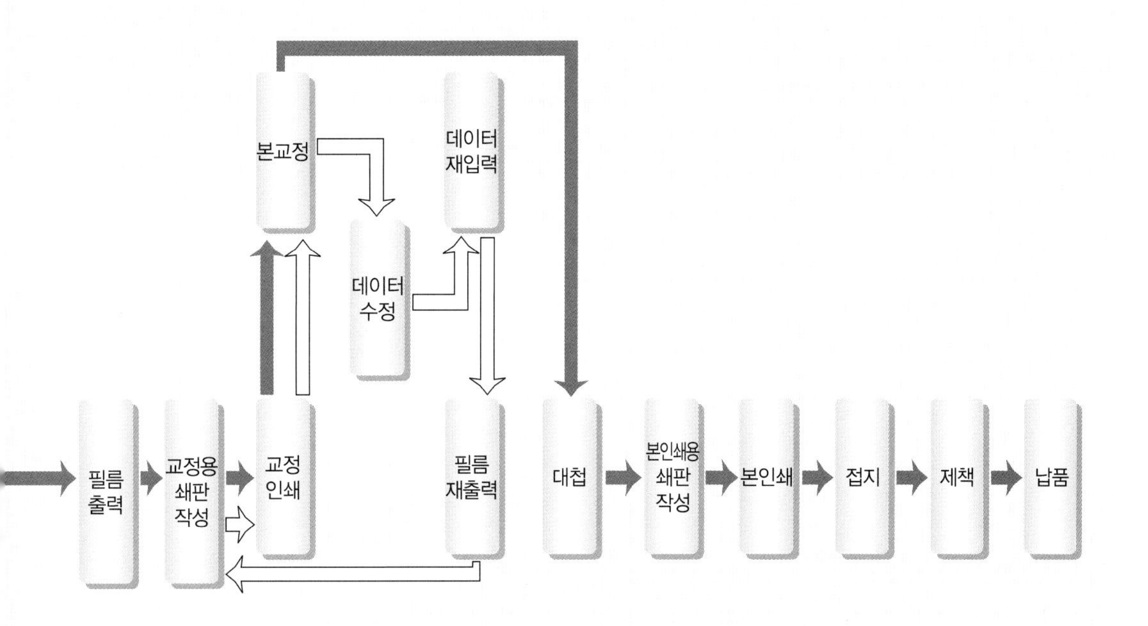

■ 레이아웃부터 인쇄까지

레이아웃의 시점부터 디자인이 적용되며 레이아웃에는 쿼크익스프레스(Quark XPress), 페이지메이커(Page Maker) 등의 DTP 전용 소프트웨어가 사용된다. 여기에서는 워드 작업을 한 문자 데이터만을 추출하여 사용하며, 함께 사용한 사진은 스캐너로 디지털화하여 편집에 사용한다. 필요시에는 디지털 카메라로 촬영하여 편집에 사용하기도 한다. 또한, 일러스트와 도표 등은 컴퓨터의 일러스트 작업용 소프트웨어를 사용하는데, 이러한 작업들은 정해진 규칙은 없으며, 그때 그때의 상황에 맞추어 제작된다.

컴퓨터에서 작성된 페이지는 프린터로 출력하여 잘못된 곳이 없는지를 편집자가 확인을 하게 되는데, 이러한 작업을 '교정'이라고 한다. 교정이란 문자와 사진이 제 위치에 배치되어 있는지, 문자의 글씨체 및 크기 등은 지시한 대로 되어 있는지 오자, 탈자는 없는지 등을 확인하는데, 이것은 다음 단계로 넘어가기 전에 꼭 이루어져야 하는 작업이라고 할 수 있다.

레이아웃이 완성되면, 이미지세터라고 불리는 출력기에서 제판 필름을 출력한다. 이 필름을 인쇄판에 노광하면 인쇄용 원판이 만들어지는 것이다.

필름의 크기는 도서의 한 페이지 크기와 다르다. 복사기처럼 한 페이지씩 인쇄할 수 없기 때문에 기본적으로는 8페이지 또는 16페이지를 한 단위로 가지는 크기의 필름을 만들어 인쇄한다. 그리고 인쇄가 끝난 종이를 접어서 제책을 하게 되는데, 접었을 때에 페이지 순이 되도록 하기 때문에 필름 상에서의 순서는 섞여 있게 된다. 이것을 '대첩'이라고 한다. 이 대첩 작업 또한 별도의 전용 소프트웨어가 있다.

대(臺) : 8페이지 또는 16페이지 단위를 대(臺)라고 하는데, 이것은 1대의 인쇄기에서 1매의 전지에 1회 인쇄하는 것을 의미한다.

■ 필름이 필요 없는 방법도

컴퓨터가 인쇄물 제작에 사용되기 이전에는 문자, 일러스트 등을 각각 촬영하여 필름을 만든 후에 그것을 합성하여 1매의 제판 필름을 만들었다. 이것을 '사진 제판'이라고 한다. 이 기술은 뒷장에 설명하는 전자제품을 만드는 곳에서는 지금도 사용되고 있다. 최근에는 필름을 출력하지 않고 직접 인쇄판을 출력하는 플레이트 세터라고 하는 장치도 사용되기 시작하였다. 컴퓨터로부터 직접 인쇄판을 출력하는 것을 CTP(Computer To Plate)라고 부른다.

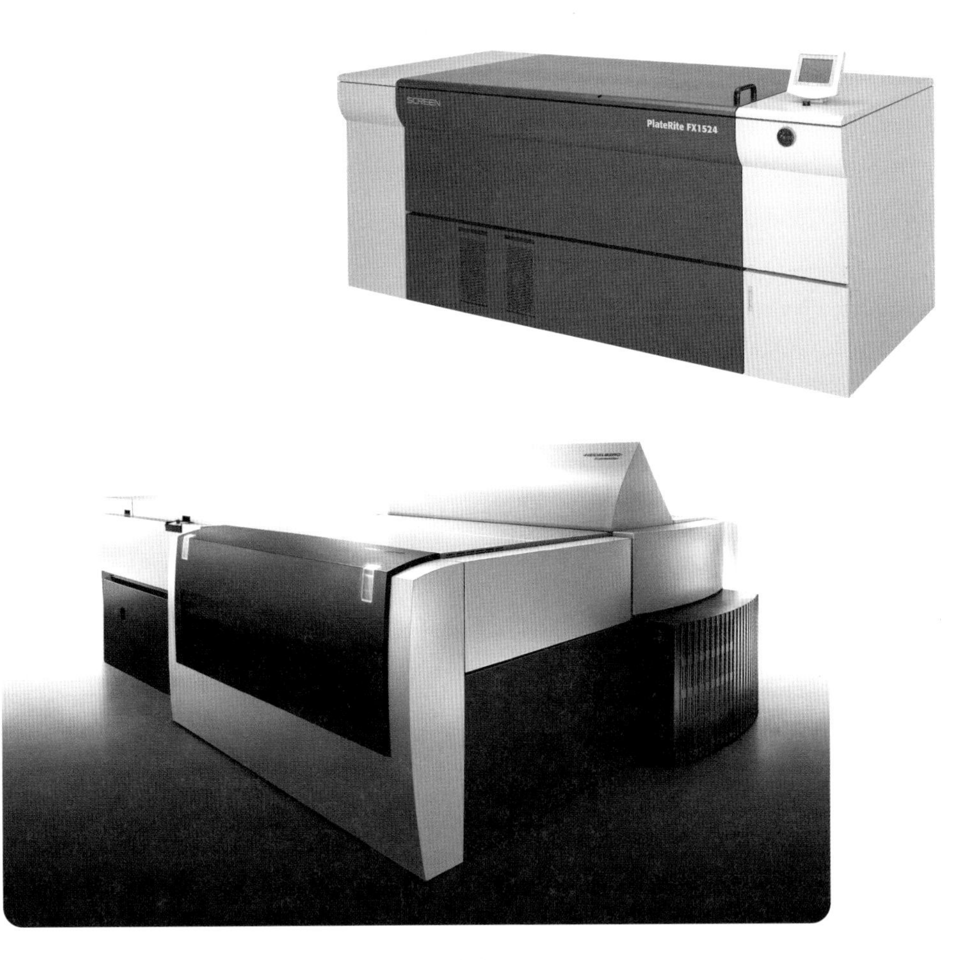

CTP 출력기

(2) 종래의 인쇄 기술

■ 사라진 활자

서적과 신문 등의 인쇄에 사용되는 글자틀을 '활자*' 라고 부른다. 그러나 지금은 과거의 활자를 사용한 인쇄물은 거의 없다고 해도 과언이 아니다. 80년대까지는 드물게 생산현장에서 사용되고 있는 것을 발견할 수 있었지만, 현재는 인쇄물의 99%이상은 컴퓨터로 작업이 이루어지고 있다.

전산 사식기

■ 사진 식자

80년대 이후 사진술을 이용한 새로운 문자 조판 시스템이 탄생하는데, 이것은 '사식' 시스템이다. 사식(寫植)이란 '사진 식자'의 약어로서 간단하게 설명하면 사진과 같은 원리로 문자를 이

***활자** : 1) 활판 인쇄에 쓰는 자형(字型), 네모기둥 모양의 금속 윗면에 문자, 기호를 볼록 튀어나오게 새긴 것. 크기, 글자체가 여러 가지 있으며, 호수활자, 포인트활자 등의 규격이 있다. 만들어진 재질에 따라서 목활자, 금속활자, 납활자 등이 있다.
2) 활판으로 인쇄한 문자.

미지로 인자(印字)하는 것을 말한다.

사식의 원리는 우선 사진을 찍는 것과 동일하게 문자를 찍는다. 화상을 제공하는 것은 유리로 되어 있는 문자판이다. 문자판에서 문자 부분은 투명하게 되어 있으며, 문자 이외의 부분은 검게 되어 있어 빛을 후면에서 비추면 검은 부분은 빛이 통과하지 않기 때문에 문자만 투사되어 인화지에 노광된다. 인화지는 감광되지 않도록 암상자에 들어가 있으며 셔터를 누를 때만 한 자씩 인자하는 시스템으로 인자한 인화지는 일반 사진처럼 암실에서 현상 및 인화 과정을 거쳐 대지작업에 사용한다.

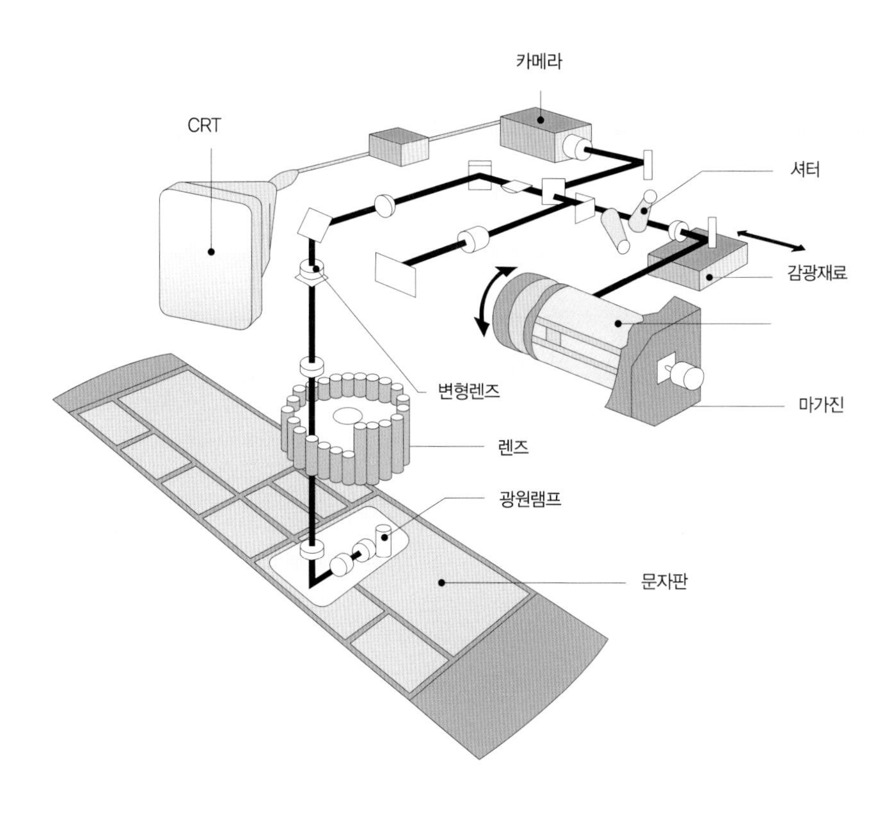

수동 사식기의 원리

■ 전산 사식기의 등장

전산 사식기는 사진 식자기의 구조를 자동화한 것으로, '전산'은 컴퓨터를 일컫는 말로 전산 사식기에서는 문자판을 사용하지 않고 컴퓨터에 내장되어 있는 문자 이미지를 파일로서 가지고 있는 것으로 이 데이터를 화면에 문자로서 표시하는 것이다.

초기의 전산 사식기는 'CRT형 전산 사식기'라고 하여 인쇄용의 문자를 표현하기 위한 전용 컴퓨터를 사용해서 컴퓨터 화면으로 사용되는 CRT에 문자 이미지를 표시하여 그 이미지를 렌즈를 통하여 인화지에 옮겼다.

그리고, 문자의 입력과 입력한 문자를 교정하는 편집 입력기와 문자를 출력하는 출력기로 나누어져 있어 개인용 컴퓨터에서 문자를 입력하면 바로 출력되지는 않았다. 당시의 컴퓨터는 현재의 컴퓨터보다 훨씬 대형이었으며, 처리 능력 또한 훨씬 떨어졌다. 또한, 지금의 개인용 컴퓨터처럼 화면을 보면서 영어, 한자로의 변환도 자유롭지 않았다.

CRT 사식기는 차츰 레이저 빔으로 인화지에 직접 문사 이미지를 노광할 수 있는 레이저 사식기로 변했으며 그 이후 레이저 컨트롤 기능이 향상되고 사진도 동시에 출력 가능한 '이미지세터'라고 불리는 전산 사식기가 나온 것은 1988년경이었다.

하지만 지금은 DTP시스템으로 인하여 이러한 사식 작업은 거의 사라졌다. DTP시스템은 사식에서의 식자처럼 문자를 인화지에 노광시켜 출력하는 것이 아니라 바로 다음 공정으로 이어질 수도 있도록 필름으로 출력하는 것이 일반적이다. 또한, 필름이 아니라, 인쇄판으로도 직접 출력할 수 있게 되었다. 이 경우에 사용하는 것은 디지털폰트로 폰트 제조사로부터 다양한 서체가 개발되고 있으며 시판되고 있다.

(3) 활자로부터 시작된 볼록판 인쇄

■ 볼록판의 대명사, 활판 인쇄

볼록판은 인쇄의 4가지 판식 중에서 역사가 가장 오래 된 인쇄 방법이며, 그 이름이 나타내는 것처럼 화선부(인쇄되는 문자와 그림 부분)가 볼록으로 되어 있으며, 도장처럼 문자나, 사진이 좌우 역상으로 되어 있다.
볼록판을 사용한 인쇄는 판에 잉크를 묻히고 종이 등에 직접 전달하는 방식이 일반적이기 때문에 판에 만들어진 좌우 역상의 문자와 사진은 종이에 인쇄가 되는 단계에서 반전되고 정상이 된다.
볼록판의 판으로는 아연 등의 금속을 사용한 활자와 고무인과 같은 고무 볼록판, 수지 볼록판 등이 있다.
예전에 문자를 인쇄하기 위하여 사용했던 활자는 아연과 합금으로 되어 있어 조각하기 힘든 자형으로, 문자의 이미지가 한 자씩 사이즈별로 정돈되어 사람이 활자를 하나 하나씩 조판하여 판을 만들었다. 볼록판 인쇄의 대부분은 판으로부터 종이 등에 직접 인쇄하는 직접 인쇄 방식이며, 압력을 주어 인쇄하는 것이기 때문에 샤프니스가 강하게 되는 것이 특징이었다.
그러나 지금은 활자를 사용한 인쇄물은 간단히 명함을 제작하기 위한 수지

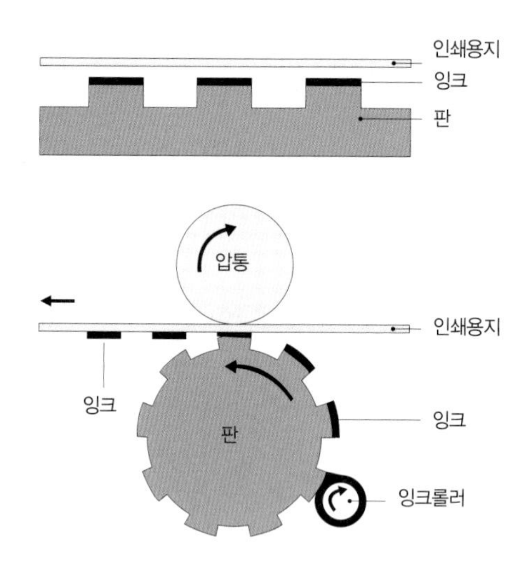

볼록판 인쇄의 판과 인쇄방식

활판을 제외하고서는 일반 인쇄에서는 컬러 사진의 재현이 불가능하기 때문에 거의 사용되지 않는다. 현재 인쇄의 주류는 활판에서 오프셋(평판) 인쇄로 완전히 옮겨졌다.

■ 볼록판이 사라진 이유

볼록판이 오프셋으로 대체된 데는 여러 가지 이유가 있지만, 볼록판식에서는 사진과 그림을 표현하기 위하여 여러 가지 제약이 있었기 때문이다. 예를 들어 사진을 넣고 싶다면, 사진을 아연판에 소부하여 현상하지 않으면 안된다. 단단한 금속을 깎아서 만들기 때문에 섬세한 선 등은 표현하기 힘들었다. 또한, 그림을 수정하는 것도 간단하지 않았다. 이러한 작업의 어려움을 오프셋 인쇄는 일시에 해결해 주었다.

현재에도 사용되는 볼록판 인쇄는 수지판 인쇄 등이 있다. 예를 들면, 지기 인쇄에서는 인쇄기에 두꺼운 종이가 통과하기 힘들기 때문에 수지 볼록판을 사용하여 인쇄하고 있다. 수지 볼록판은 금속 볼록판에 비하여 취급하기가 용이하지만, 인쇄 재현성은 떨어진다.

현재 일반 인쇄회사에서 더 이상 활자를 사용하여 인쇄하는 것을 보기 어렵다. 인쇄방식으로서의 볼록판 인쇄는 이제 과거의 유물이 되어가고 있다.

(4) 물에 반발하는 성질을 사용하는 오프셋 인쇄

■ 평판의 어원

평판 인쇄는 판 재료로 주로 아연판, 알루미늄판과 같은 금속판을 사용하고 있으나, 평판 인쇄 초기 단계에서는 대리석과 같은 석판을 사용하였다. '석판인쇄(Lithography)' 라는 말은 그리스어의 '돌(litho)' 과 '그리다(graphy)' 는 말에서 유래된 것이다. 석판 인쇄의 기법은 평면상에서 물과 기름이 반발하는 성질을 이용한 것으로 1798년경에 독일의 제네펠더가 발명하였다.

볼록판 인쇄와 오목판 인쇄가 판면의 높이차를 이용한 물리적인 인쇄 방법인데 반하여, 평판 인쇄는 판면의 높이가 같으며 화학적인 원리에 의하여 인쇄된다.

현재는 알루미늄을 사용한 금속 평판이 주류를 이루고 있으며, 또한 유성잉크가 묻지 않는 실리콘 고무를 비화선부에 사용하고, 무습수로 인쇄할 수 있는 '무수(無水) 평판' 도 있다.

■ 오프셋은 '전사(轉寫)' 를 의미한다

오프셋 인쇄는 다른 이름으로 '평판 인쇄' 라고도 한다. 오프셋 인쇄에서 사용되는 판은 볼록과 오목이 아닌 평활한 판을 사용하기 때문이다.
평판이라고 하여도 실제로는 평활하지 않고 아주 미세하게 오목, 볼록으로 되어 있다. 따라서 볼록한 부분이 아주 얇게 있다고 생각하면 된다. 하지만, 이 상태로는 잉크를 묻히고 싶은 부분과 묻히고 싶지 않은 부분의 구별이 어렵기 때문에 평판의 판에는 물을 묻히기 쉬운 친수면(親水面)과 물에 반발하는 비친수면(非親水面)으로 구분되어 있다.
잉크를 묻히고 싶지 않은 부분을 친수면으로 하면, 물이 잉크를 반발하므로 화선부(잉크를 묻히고 싶은 부분)와 비화선부(잉크를 묻히고 싶지 않은 부분)로 나눌 수 있게 된다.
이와 같은 처리를 한 판에 잉크를 묻히고, 블랭킷이라는 통에 전사시켜 블랭킷으로부터 잉크를 종이에 전사하는 방법으로 인쇄를 하는 것이다.
이와 같이 전사하는 프로세스가 오프셋이라는 명칭의 유래이다. 판으로부터

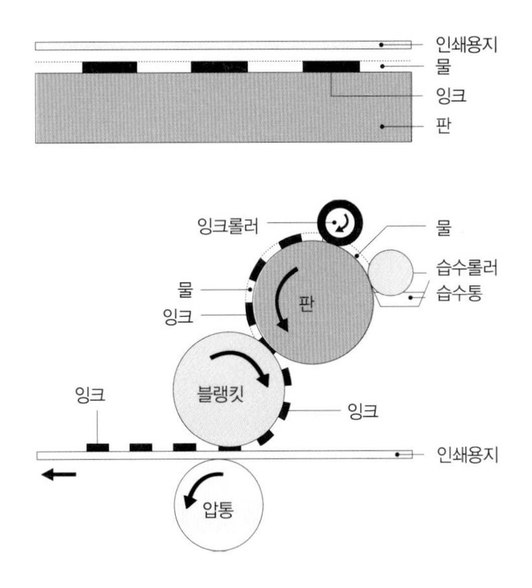

오프셋 인쇄의 판과 인쇄방식

블랑킷으로 잉크를 옮기는 것을 오프(Off)한다고 하며, 블랭킷으로부터 종이에 잉크를 옮기는 것을 셋(Set)이라고 한다. 이 둘을 합성한 것이 오프셋(Off-Set)이 된 것이다.

판이 종이에 직접 접촉하지 않기 때문에 판의 수명이 길며, 잉크가 종이에 과잉공급이 되지 않으며, 평활성이 낮은 종이에도 인쇄가 가능하다. 인압(인쇄할 때의 압력)이 약하며, 잉크를 얹기 힘들기 때문에 블랭킷의 상태에 따라서 최종 인쇄물의 품질이 달라졌지만, 현재는 개선되어 그런 문제점은 사라졌다.

(5) 망사를 통해 잉크를 전사시키는 **스크린 인쇄**

■ 스크린을 통해 전사(轉寫)

나무틀, 알루미늄틀에 견, 나일론, 폴리에스테르, 섬유질의 망사나 스테인레스제 등의 스크린(미세한 망)을 걸고, 판면에 수공적인 방법이나 광화학적, 사진적 방법을 이용하여 비화선부를 막고 잉크를 통과시킬 수 없게 한 후, 화선부만 구멍을 낸 판이다. 인쇄할 경우에는 이 구멍을 통과한 잉크를 인쇄 소재에 전이시키기 때문에 판은 바른 상으로 되어 있다.
물론, 스크린에는 작은 것도 있고 큰 것 또한 있다. 스크린 인쇄에는 1인치 사이에 200선 정도의 실이 들어 있는 것을 사용한다.

■ T셔츠와 CD 라벨의 인쇄에 사용

스크린 인쇄는 판이 유연하기 때문에 적은 인압으로도 인쇄를 할 수 있으며, 잉크의 종류도 다양하기 때문에 천과 플라스틱, 유리, 금속 등의 소재 또는 병과 캔과 같은 곡면에도 인쇄할 수 있다. 또한, 잉크를 두껍게 전이시킬 수 있기 때문에 인쇄된 부분을 문지르면 아래에 인쇄된 부분이 보여지는 스크래치 인쇄 등에도 사용되며, 티셔츠 등의 천에 그림의 전사와 CD-

ROM 등의 딱딱한 재료의 인쇄에도 스크린 인쇄가 사용되고 있다.

방법은 오래 되었지만, 현재에도 넓은 응용범위를 가지고 있는 것이 이 스크린 인쇄 방법의 특징이다.

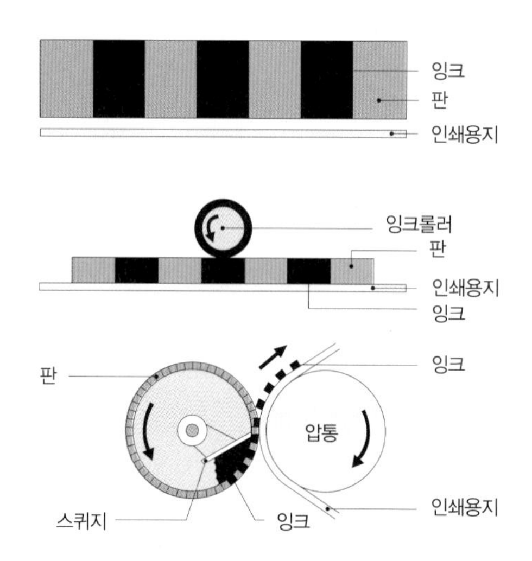

스크린 인쇄의 판과 인쇄방식

(6) 에칭 기법으로 판을 제작하는 그라비어 인쇄

■ 오목판 인쇄의 일종

오목판을 사용한 인쇄의 대표는 '오목판 인쇄'와 '그라비어 인쇄*'이다. 그러나 오목판 인쇄는 망점 재현의 어려움 등으로 인하여 현재 지폐와 우표, 증권 등 특수한 용도에 사용되어지며, 사진을 포함한 재현에는 그라비어 인쇄가 사용되고 있다.

그라비어 인쇄의 기본은 에칭 화법과 같은 원리라고 생각하면 된다. 에칭에서는 금속면에 금속 연필로 그림을 그린다. 상처는 금속면보다 움푹 패여 있기 때문에 그곳에 잉크를 넣고 압력을 가하여 잉크를 종이에 전이시킨다. 그라비어 인쇄에서도 금속성의 판에 굴착기와 같은 헤드로 화선부를 조각하고, 그곳에 덧칠하여 판통으로서 사용하는 것이다.

***오목판의 대표, 그라비어 인쇄의 종류**
그라비어 제판 방식으로는 오목점(cell)의 크기는 같고 깊이는 다르게 하여 농담을 나타내는 컨벤셔날 그라비어, 망점의 크기로 농담을 나타내는 망점 그라비어, 농담을 망점의 깊이와 크기로 나타내는 전자조각 그라비어가 있다.

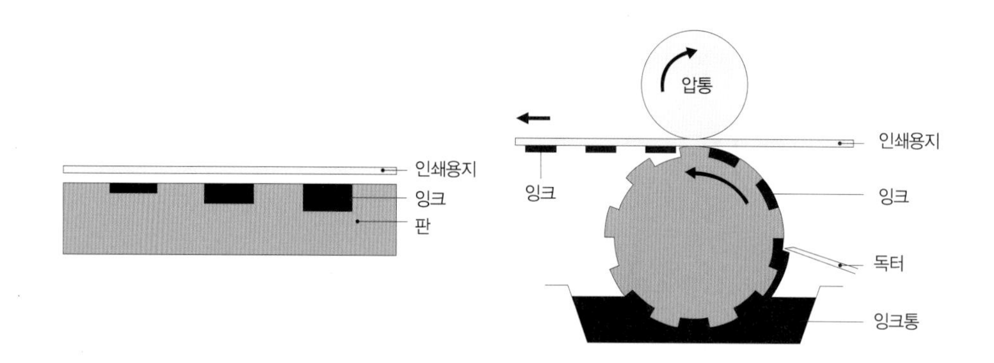

오목판 인쇄의 판과 인쇄방식

■ 깨끗한 사진 인쇄의 대명사

현재의 그라비어 인쇄는 망점의 크기와 판의 깊이로 농담을 표현할 수 있기 때문에 계조가 풍부하며, 사진의 재현에 적합하다. 제판비는 다소 비싸지만, 판에 내구성이 있으며, 저점도의 속건성 잉크를 사용하기 때문에 윤전기에 의한 고속 · 대량 인쇄에 사용되고 있다. 그리고, 종이 뿐만 아니라 셀로판과 폴리에칠렌 등의 소재에 인쇄하는 것도 가능하며, 판의 작성방법에 따라서는 일정의 패턴을 연결하여 엔드리스(Endless) 인쇄도 가능하다. 잡지와 카탈로그, 과자봉지, 플라스틱 용기, 화장품 상자 등 다양한 분야에서 이용되고 있다.

(7) 컬러 인쇄 방법

■ 인쇄의 기본은 CMYK

문자 중심의 서적 등은 단색인쇄(1색의 잉크로 인쇄하는 것)가 일반적으로, 주로 먹 잉크를 사용한다. 흰 종이는 물론, 약한 색이 있는 종이에 인쇄하는 경우에도 먹은 눈에 잘 띄며, 문자가 눈에 잘 들어오기 때문이다.

그러나 사진이 들어 있는 전단지 또는 아이들이 보는 그림책 등에서는 같은 단색인쇄라 하더라도 먹 이외의 색을 사용하는 경우가 많다. 사용하는 색에 의하여 이미지가 달라지기 때문이다. 과일 사진을 인쇄하는 경우에 먹보다는 녹색 또는 빨강색으로 인쇄하는 편이 사실적으로 보인다. 과일 사진을 빨강색으로 인쇄하면 빨강 과일, 노란색으로 인쇄하면 노란 과일로 보일 것이다. 이것에 대하여 다색인쇄 (2색 이상의 잉크로 인쇄하는 것)는 사진과 일러스트 등 그래픽 중심의 카탈로그와 포스트 등에 이용된다. 통상 컬러 인쇄는 Y, M, C, BK 4색으로 인쇄된다.

■ 색의 3원색 · 빛의 3원색과 색분해

통상적으로 원색인쇄는 4색의 잉크로 표현된다. 옐로우(Yellow=Y) · 마젠

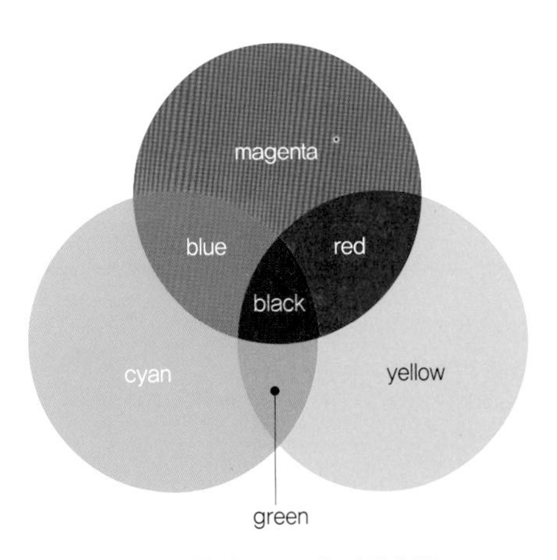

색의 3원색 CMY와 감색혼합

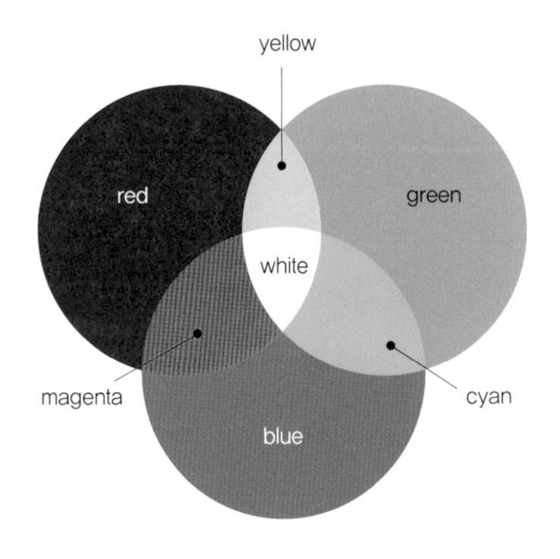

빛의 3원색 RGB와 가색혼합

타(Magenta=M) · 사이안(Cyan=C) · 블랙(Black=K 혹은 BK, BL)이다. 이것은 '색재의 3원색' Y · M · C의 혼합에 의하여 모든 색이 표현되는 '감색혼합' 의 이론에 근거한 것이다.

하지만, TV와 컴퓨터용의 모니터에서는 적(Red=R) · 청(Blue=B) · 녹(Green=G)의 '광의 3원색' 을 혼합하는 것으로 색을 만들어 낸다. 이것을 '가색혼합' 이라고 한다.

양쪽 모두 이론적으로는 3색만으로 모든 색을 표현할 수 있으나, 인쇄용 잉크는 이론상의 색과는 다르기 때문에 색재의 3원색 Y · M · C를 정량으로 섞어도 깊이가 있는 먹은 만들어지지 않는다. 그래서 이 3원색에 먹을 포함하여 4색을 사용하여 인쇄를 한다.

그러나, 인쇄에서 표현할 수 있는 색에는 한계가 있다. 예를 들면 흰색의 경우 보통의 인쇄에서는 흰색을 표현하기 위해 모든 색을 조금도 사용하지 않고 종이의 색을 그대로 살리는 것으로 표현하기 때문에 흰색 잉크를 사용하지 않는 한, 종이의 색 이상의 흰색은 표현되지 않는다. 그리고 통상의 컬러 인쇄(4색 인쇄)에서는 사용하는 잉크의 색이 정해져 있기 때문에 선명한 사이안 등 표현할 수 없는 색도 있다.

사진 등을 원색 인쇄하기 위해서는 스캐너를 사용하여 원고의 '색분해' 를 행한다. 색재의 3원색과 광의 3원색 중에 C는 R, M는 G, Y는 B의 반대색이 되기 때문에 R, G, B의 필름을 통과하는 것으로 원고로부터 인쇄에 사용하는 C, M, Y의 색성분을 만들 수 있다. K의 성분은 Y 필름을 사용하거나, C, M, Y의 3색으로부터 연산하여 만들고, 컬러 분해 후에는 도트 제네레이터와 이미지세터를 사용하여 망점을 만든다. 색마다 원고의 농담을 망점의 크기로 변환하는 것이다.

이렇게 최종적으로 출력한 C, M, Y, K 4매의 망점 필름을 '분판 필름' 이라고 한다. 이것은 원고가 가지는 색 정보를 4종류의 색성분으로 나눈 것으로 4매를 한 세트로 사용하지 않으면 올바른 컬러 재현이 불가능하다. 출력한 필름은 어느 것이나 투명한 베이스 부분과 흑화된 부분이 있을 뿐이지만 이것을 빛쬠하여 C판에 C, M판에 M, Y판에 Y의 잉크를 사용하여 인쇄하면 원고와 같은 색이 재현된다.

통상의 컬러 인쇄는 이처럼 4색 분해한 후에 4색 인쇄를 하지만, 2색과 3색만으로도 컬러 재현을 할 수도 있으며, '별색' 이라고 불리는 특수 잉크를 사용하여 5색 또는 6색으로도 인쇄할 수 있다.

(8) 사진을 스캔하여 디지털로 만든다

■ 사진은 스캐너로 읽어 들인다

여러 가지 색이 혼합되어 있는 사진을 스캐너로 읽어 들이고, 데이터화하기 위해서는 우선 스캐너로부터 광을 주사하여 사진에 광을 비춘다. 원고로부터 반사된 광은 광센서로 색을 분해하여 디지털화시킨다.
결국 스캐너는 광의 3원색인 RGB 형식으로 색 데이터를 얻는 화상입력장치가 되는 것이다. 하지만, 스캐너로 읽어 들인 화상 데이터를 인쇄물로 재현하기 위해 그대로 사용해서는 잉크로 표현할 수 없다. 일반적으로 평판스캐너는 RGB로, 드럼스캐너는 CMYK로 스캐닝하는데, RGB로 분판이 된 경우에는 프로그램을 사용하여 CMYK로 변환을 해 주어야 하며, CMYK로 분판이 된 경우에는 그대로 사용해도 무방하다. 이렇게 변환된 색이 4색판이 되고 컬러 인쇄물로서 재현되는 것이다.

■ 복사와 같은 원리

사무실에서 사용하는 컬러 복사도 원리는 같으며 CMYK의 4색 토너와 염

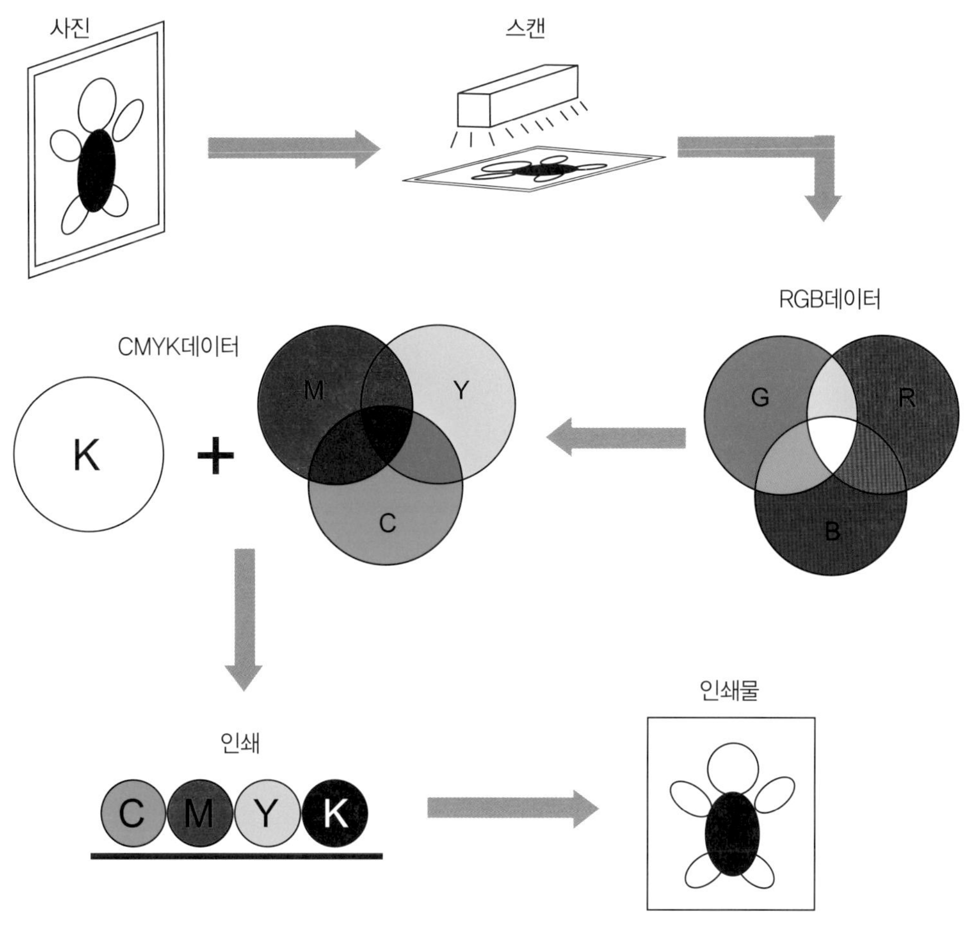

컬러 데이터의 변환

드럼 스캐너

료 잉크가 사용되고 있다. 컴퓨터에 연결되어 있는 잉크젯 프린터 등에서도 3색 컬러 잉크와 먹 잉크를 사용하고 있다.

그리고, 금색, 은색 등과 같은 별색과 4색 혼합으로는 표현하기 어려운 색을 표현하고 싶은 경우에는 CMYK 이외의 다른 색을 사용하는 것도 가능하다.

(9) 개인용 스캐너와 디지털 카메라의 사용

■ 가정용 스캐너는 능력 부족

각 가정으로 컴퓨터의 보급과 함께 컬러 스캐너의 보급 또한 급속하게 늘어났다. 이에 따라서 일반 가정용의 10~30만 원대의 기기부터 전문가용의 몇 천만 원에 이르기까지 종류도 다양해졌다.

스캐너란, 사진원고를 인쇄하기 위하여 컴퓨터로 처리할 수 있는 디지털 화상으로 변환하는 장치이다. 과거에는 인쇄 현장에서 사진 원고를 인쇄물로 하기 위해 '제판 카메라' 라는 기계가 사용되었지만, 지금은 컬러사진은 컬러 스캐너, 흑백 사진이면 모노 스캐너가 사용되고 있다. 전문 스캐너는 일반 가정용 스캐너보다 훨씬 고정밀이며 대형이다. 그 이유로는 대형 원고를 입력하기 위해 큰 스캐닝 면이 필요하며 '입력해상도*' 2,000~ 4,000 dpi의 성능이 요구되기 때문이다.

따라서, 흔히 발생하는 실수로서 가정 및 오피스용 스캐너로 인쇄물용의 사진 입력을 하는 경우가 있는데, 인쇄용으로는 부적합한 경우가 많다.

가정용 스캐너

***입력해상도** : 입력품질을 결정하는 수치, dpi(dot per inch)로 표현하며, 1인치(inch) 안에 수용되는 점의 수를 이야기한다. LPI(Line per inch)는 1인치 안에 수용하는 선의 수를 이야기한다.

■ 디지털 카메라는 해상도와 사이즈에 따라서 다르다

화상 입력용으로 디지털 카메라도 많이 사용되고 있는데, 디지털 카메라로 촬영한 화상을 인쇄에 사용할 수 있는가를 묻는 경우가 많다. 이 경우에도 스캐너와 동일하게 화소(畵素)가 낮은 데이터는 인쇄용으로 사용할 수 없다.

그러나, 사용 가능하게 하는 방법이 있는데, 예를 들어 보통의 경우에 인쇄 선수가 175선이 된다. 통상적으로 인쇄에 사용하는 화상의 입력 해상도는 선수의 배 도트(dot)가 필요하다. 결국, 175×2 =350dpi가 되면 가능해진다. dpi는 1인치 (25.4mm)당 도트의 수이기 때문에 350도트가 있으면 출력 사이즈가 얻어질 수 있는 것이다.

다시 말해, 640×480 도트의 촬영이 가능하다고 하면, 640÷350 = 1.8inch, 결국 약 4.5cm 크기면 사용이 불가능한 것은 아니라는 의미이다.

이와 같이 디지털 카메라의 경우에는 입력 해상도와 인쇄에 사용할 사이즈의 관계를 생각하면 도움이 될 것이다.

디지털 카메라

(10) 색의 농담을 표현하는 방법

■ 망점으로 화상을 재현한다

부드럽게 색의 농담이 변하는(이것을 계조라고 한다.) 사진을 어떻게 표현하고 있는지는 신문의 사진을 보면 알기 쉽다.

신문을 비롯하여 많은 인쇄에서는 단색 사진의 명암 계조와 컬러 사진의 색조 등을 세세한 점의 집합으로 표현하고 있다. 인쇄 용어에서는 이러한 점을 '망점*' 이라 한다.

이 망점의 최대 직경은 신문의 사진에서는 약 0.42mm, 컬러 인쇄의 사진에서는 0.17mm 이하의 크기이다. 더구나 이 망점은 균일하지 않고 사진의 밝은 부분과 어두운 부분에서는 점의 크기를 달리한다. 망점이 너무 크면 망점이 눈에 뜨이기 때문에 극히 적은 점을 정확하게 배치하는 것이 필요하다.

***망점** : 컬러원고를 재현하기 위하여 스캐닝을 하는데 여기서 얻어진 점의 대소를 말한다. 인쇄물에서는 사진과 그라데이션은 이 망점으로 재현할 수 있다. 인쇄물을 확대경으로 보면, 점의 집합으로 사진이 재현되고 있는 것을 알 수 있다.

이 망점이 작으면 작을수록 콘트라스트가 없는 부드러운 사진이 인쇄된다. 이 망점의 크기를 표현하는 것이 '선수(線數)' 이다. 망점은 무질서하게 나열되어 있는 것이 아니라 일정한 간격으로 나열되어 있으며, 그 망점의 열(선)이 1인치에 몇 개가 있는가에 따라 인쇄 품질이 결정되는 것이다.
원색일 경우에는 망점 각도(스크린 각도)를 색마다 달리 할 필요가 있는데, 이것은 망점들이 서로 간섭하여 모아레*가 발생하는 것을 막기 위해서이다.

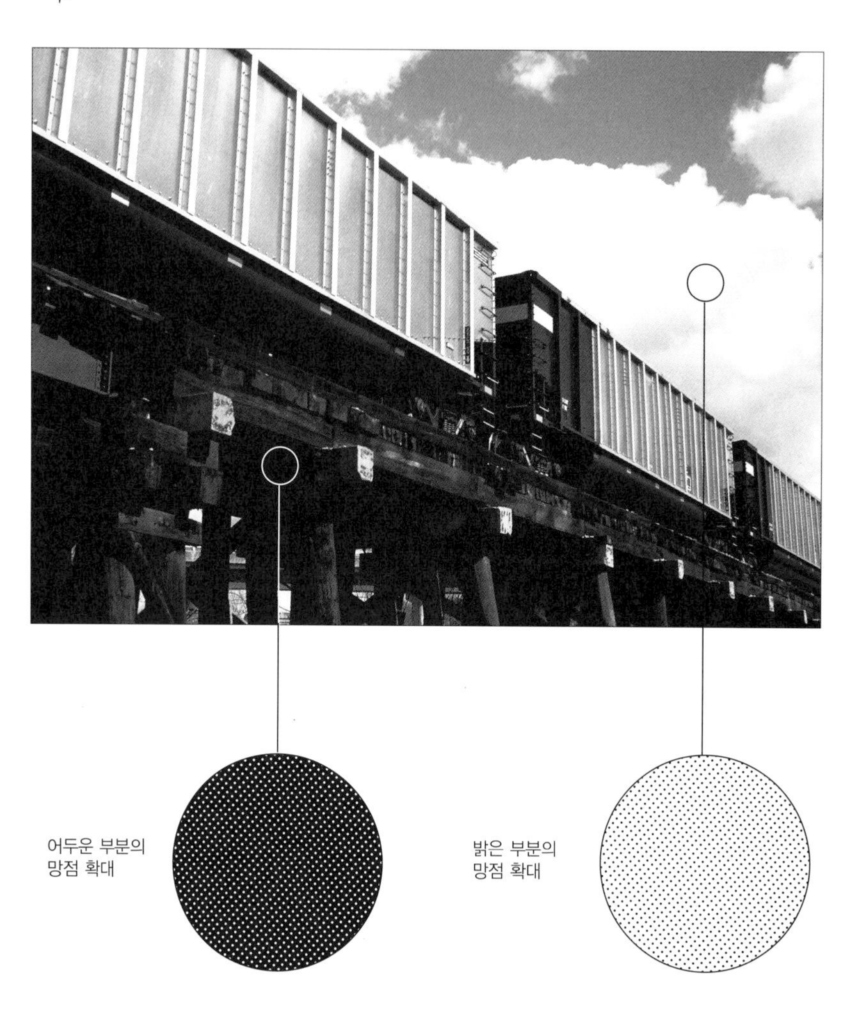

망점의 대소에 의한 계조의 표현

■ 인쇄물에 따라 다른 선수

컬러 인쇄와 흑백 인쇄의 선수는 다르게 되어 있다. 신문은 65~100선, 신문을 제외한 단색 인쇄물은 133선, 컬러 사진을 이용한 컬러 인쇄에서는 150~200선이 일반적인 설정 수치이다.

인쇄물에서 세밀하면서 아름다운 계조를 표현하려고 하면, 선수 뿐만 아니라 인쇄하는 용지의 종류 또한 고려하지 않으면 안 된다.

아무리 선수를 크게 하여도 표면이 부드러운 용지가 아니면 의미가 없다. 표면이 거친 용지에서는 세밀한 표현이 불가능하기 때문이다.

10%씩 변한 평망

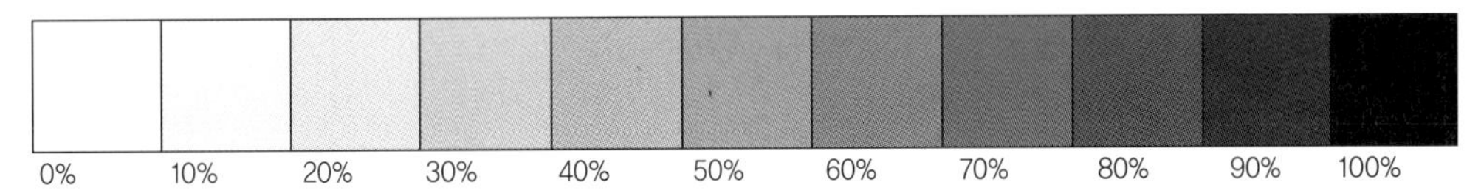

10%씩 변한 평망의 확대

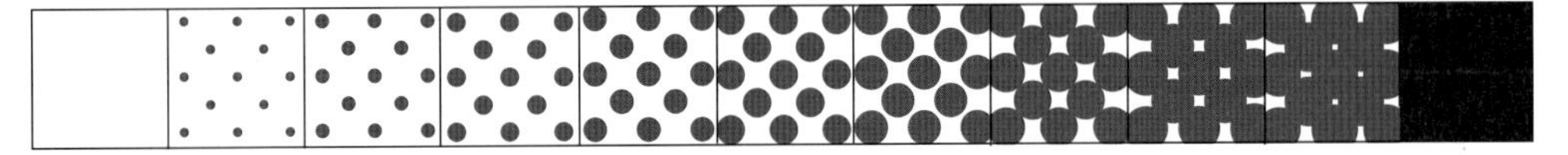

평망에 의한 농담의 표현

망점에 의한 색의 표현(오프셋 방식)

***모아레(Moire)** : 규칙적으로 나열된 점과 선이 중첩되었을때 발생하는 기하학적인 모양

(11) 망점이 보이지 않는 고정밀 인쇄

■ 높은 선수를 사용한다

'고정밀 인쇄' 라는 것은 일반적인 인쇄물이 아닌 거의 사진과 같은 인쇄를 하기 위해 필요한 고급 기술이다. 보통의 인쇄물은 육안으로라도 인쇄물을 자세히 들여다보면 망점이 보인다. 결국 점으로 표현하는 것에는 한계가 있기 때문이다. 그러나, 이러한 한계가 느껴지지 않는 사진과 같은 인쇄물이 있는데, 이것을 '고정밀 인쇄' 라고 한다. 인쇄물은 망점으로 계조를 표현한다. 통상적인 컬러 인쇄물의 경우에는 1인치(약 25.4mm) 당 175개의 망점이 있으며 이것을 175선 인쇄라고 한다. 단색인쇄의 경우에는 대체적으로 100~133선 정도를 사용하며, 고급 인쇄물인 경우에는 200선 이상을 사용하는 경우도 있다.

이와 같이 일반적으로 인쇄물의 선수를 높이면 사진은 매우 선명하며 깨끗하게 된다. 선수를 높이면 1인치당 망점이 많아지고, 망점이 많아지면 1개의 망점 사이즈를 작게 하지 않으면 안 된다. 망점의 사이즈가 작은 300선 이상의 인쇄를 고정밀 인쇄라고 부를 수 있다.

현재 고정밀 인쇄로서는 300선부터 1,500선까지 실용화되어 있으며, 2,000선으로 인쇄한 것도 있지만, 보통 400선으로부터 700선이 주류이다.

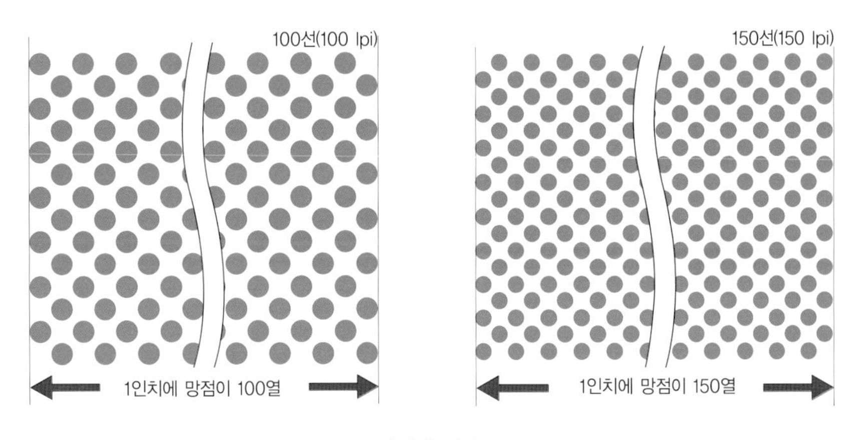

망점과 선수

고정밀 인쇄의 효과는 크게 3가지로 분류할 수 있다. 첫째는 단위면적당의 망점수가 늘어나는 것에 의하여 표현량이 증가하며, 해상도도 높고, 일반 인쇄에서는 표현이 어려운 부분도 섬세하게 표현할 수 있다. 일정면적내에서의 망점의 밀도와 표현력을 비교하면 175선에 대비하여 500선에서는 약 8배의 망점밀도로 되어 있다. 175선에서는 ON과 OFF만이 가능한 부분도 500선이 되면 보다 많은 망점에 의하여 다양한 표현이 가능해진다. 부드러운 꽃잎, 광택 있는 나뭇잎처럼 질감을 사실적으로 표현할 수 있다. 그리고 질감의 향상과 함께 입체감, 거리감도 더 사실적으로 표현되어 사진과 같은 느낌을 얻을 수 있다.

두 번째의 효과는 망점이 크기 때문에 생기는 모아레와 같은 간섭효과가 없다는 것이다. 이것은 망점들의 간섭에 의하여 만들어지지만, 망점을 작게 하는 것에 의하여 이러한 현상을 최소화하게 되어 사람의 눈에는 거의 보이지 않게 되는 것이다. 세 번째는 색의 재현성이 더 좋아진다는 것인데, 이것은 망점이 눈을 자극하는 것이 사라지고 광을 흡수·반사하는 양이 증가하기 때문이다.

이러한 효과는 특히 직물류, 모피, 귀금속 등의 질감과 요리, 자동차, 가전제품, 가구 등의 산뜻한 느낌이 필요한 인쇄물에 적합하다고 할 수 있다.

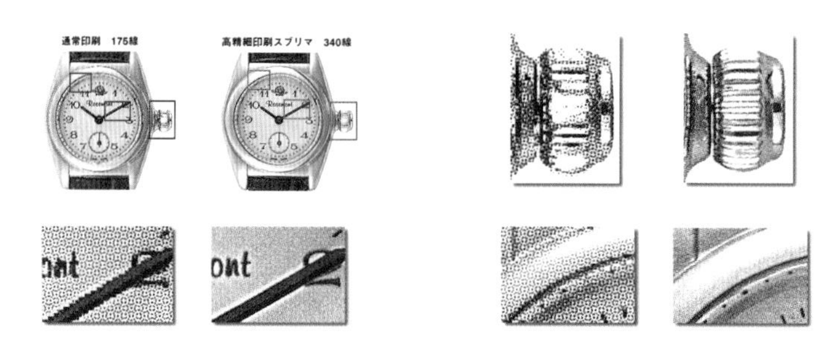

고정밀 인쇄 비교

■ 사진과 인쇄의 차이

사진을 현미경으로 확대해 보면 앞에서 이야기한 망점은 보이지 않는다. 사진은 인쇄처럼 망점으로 화상을 표현하는 것이 아니고, 미세한 입자로 색을 표현하고 있기 때문이다. 결국 망점은 분자 크기의 입자로 구성되어 있는 것이다.

현재의 인쇄기술로는 분자 크기의 망점을 표현하는 것은 어렵다. 사진의 기술을 응용하면 가능하긴 하지만, 노광 · 현상 · 정착의 과정을 거치지 않으면 인쇄와 같이 대량으로 복제하는 것은 불가능하다.

인쇄를 하기 위해서는 어떠한 형태로든 판을 만들고, 잉크를 묻혀 종이에 전사하지 않으면 안 된다.

■ 고정밀 인쇄를 실현하는 기술

고정밀 인쇄를 재현하기에는 넘지 않으면 안 되는 난관이 몇 가지 있는데, 우선, 최소한의 망점을 가진 판을 만드는 것이다. 이러한 망점을 만들기 위해서 판의 노광은 레이저를 사용해야 한다. 다음으로 노광된 판을 현상하는 공정이다. 현상에서는 노광면과 비노광면을 분리하여 작업하지만, 작은 망점이 연속되는 판인 경우에는 현상작업이 어려울 수 있기 때문에 매우 신중

하게 작업에 임해야 한다.

현상을 강력하게 하기 위해서는 현상액의 감도를 올리는 것도 가능하다. 그러나 그렇게 하면 현상 과다로 인하여 망점을 침식해 버린다. 실제 고정밀 인쇄에서는 자세하게 현상을 조절하고, 미세한 망점을 모두 재현하도록 하고 있지만, 이러한 작업은 아주 능숙한 숙련이 필요하다.

또한, 이렇게 제작된 인쇄판을 보통의 컬러 인쇄처럼 인쇄한다 해도 고정밀 인쇄가 되지는 않는다. 우선 잉크의 점도 문제가 있다. 잉크도 화학물질이며 분자들의 혼합체이다. 이 혼합이 잘 되어 있지 않으면 잉크가 망점의 인쇄면에 잘 붙어 있지 않게 된다.

게다가 종이의 문제도 있다. 예를 들어 복사용지의 표면을 확대해 보면, 많이 거친 것을 알 수 있는데, 이 거친 면에 미세한 망점을 인쇄하면 잉크가 잘 전이되지 않는다. 따라서, 종이의 평활도가 높을 필요가 있다. 일반적으로 아트지와 코트지 계열의 종이를 사용하면 큰 문제는 없다.

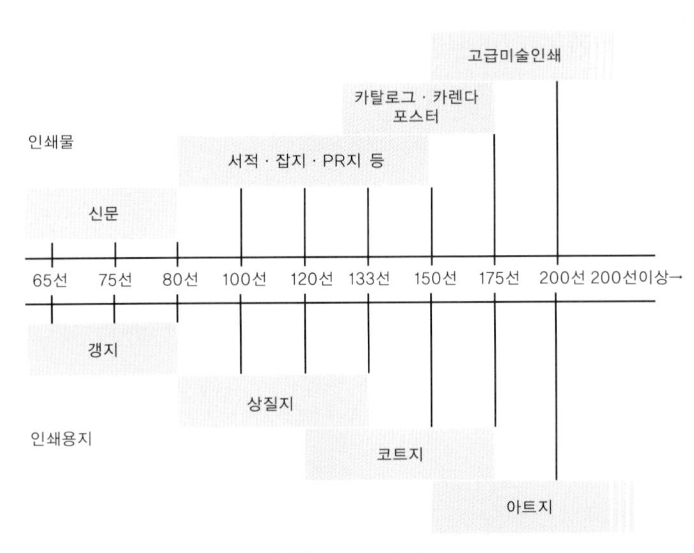

인쇄 선수와 용지

또한, 오프셋 인쇄에서는 인쇄기에 종이가 통과될 때 잉크가 전이되는데, 그 때 종이는 미세한 지분(紙粉)을 발생시킨다. 그 지분은 잉크면에 혼입되어 더러움을 발생시킨다.

인쇄기를 저속으로 가동시키면 이러한 문제점이 사라질 거라고 생각할 수도 있지만, 그럴 경우에는 생산량에 문제가 생기며, 저속으로 인하여 잉크의 점도를 잃어버리는 문제도 있을 수 있다.

이처럼 고정밀 인쇄라는 것은 높은 기술을 사용하여 제작되는 것이다. 품질관리 또한 어려우며 제조에 걸리는 비용 또한 고가이고 시간도 많이 걸린다.

(12) 목적에 맞는 종이의 선택

■ 종이의 성질

종이는 인쇄를 이야기할 때, 빠지지 않는 매우 중요한 요소이다. 종이에는 다양한 종류가 있는데, 제조회사인 제지회사로부터 각사의 견본책자가 나와 있다. 사용자가 목적에 맞게 종이를 선별할 수도 있으며 모조지, 아트지, 스노우지 등을 주문하면 유통회사가 고객의 주문에 맞게 알맞은 종이를 공급해 준다.

종이에는 평활도 · 백색도 · 흡유도 · 강도 · 종이의 결 등 몇 가지의 속성이 있으며, 그러한 속성에 의해서 몇 종류로 나누어진다.

평활도는 종이의 표면이 어느 정도로 평활한가를 말한다. 예를 들면 신문 등은 손으로 문질러보면 딱딱하고 거친 느낌이 나는데, 이것은 평활도가 낮은 것을 의미한다. 그러나, 컬러로 인쇄된 전단지 등은 평활도가 높아 손으로 문질러보면 신문지와는 다른 굉장히 매끈한 느낌이 난다. 이렇게 평활도가 높은 종이가 인쇄적성이 좋다. 신문의 컬러 사진보다도 전단지의 컬러 사진이 선명한 것은 이러한 이유에서이다.

백색도는 종이가 어느 정도로 백색을 가지고 있는가를 말한다. 물론 순수한 흰색에 가까울수록 선명한 인쇄 표현이 가능하다. 대부분의 종이가 눈으로

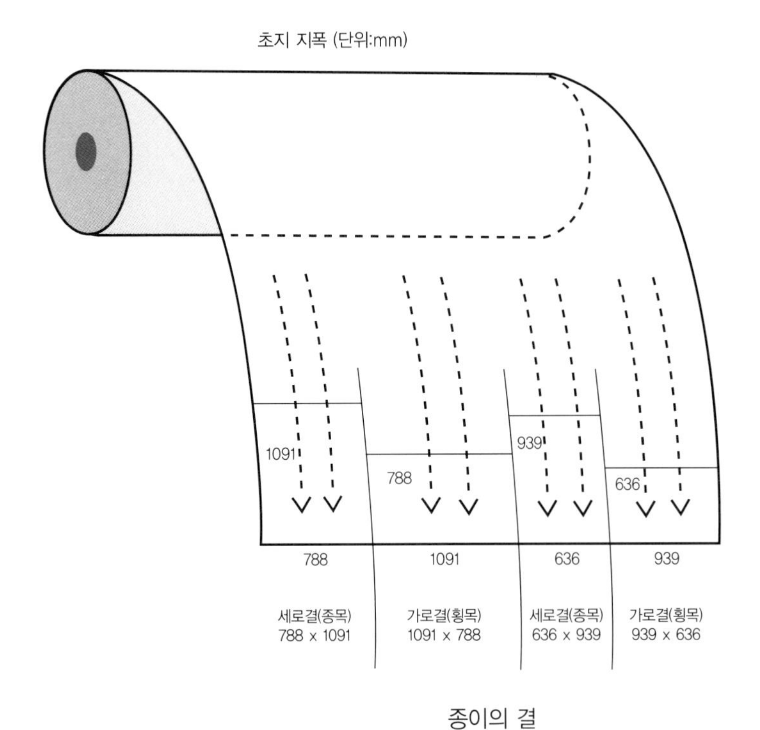

종이의 결

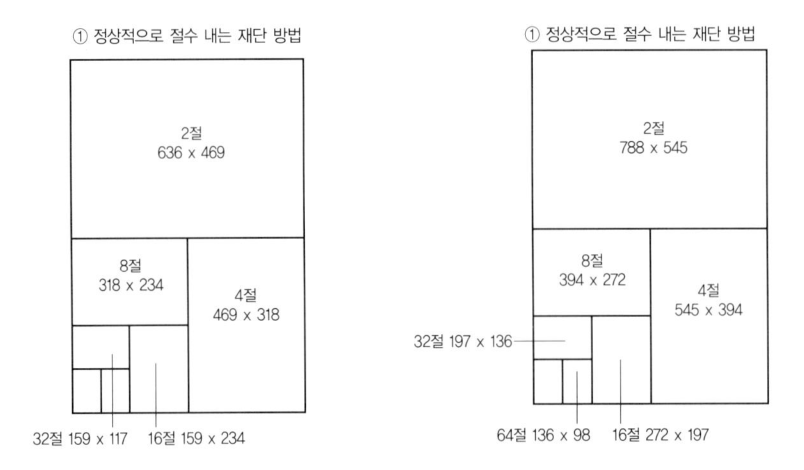

판형에 맞는 절수 방법

는 희게 보이지만 사실은 그렇지 않다. 모든 종이가 가시효과를 높이기 위하여 청색을 띈 백색과 녹색을 띈 백색으로 순수하게 100% 백색은 없다고 해도 과언이 아니다.

종이의 원료가 되는 펄프는 처음부터 백색이 아니다. 백색도를 높이려면 흰색 안료를 많이 사용하거나 표백을 한다. 이렇게 가공하면 종이는 희게 되지만, 비용이 많이 들기 때문에 종이의 가격은 상승하게 된다. 4색 인쇄를 할 때는 백색도가 높은 종이를 사용하는데, 그렇게 하지 않으면 바람직한 색이 나오지 않기 때문이다.

흡유도는 인쇄 잉크와 같은 기름 성분을 흡수하는 정도이다. 흡유성이 높으면 잉크가 종이에 흡수되는 속도가 빨라 광택이 없어져 버린다. 그러나 흡유도가 낮으면 광택은 뛰어나지만, 건조에도 시간이 걸리며, 다른 종이에 잉크가 옮겨지는 문제점도 발생한다. 흡유도는 인쇄 회사가 가장 주의를 기울이는 속성 중 한 가지이다.

강도는 말 그대로 종이가 가지는 세기이다. 강도가 약한 종이는 티슈와 같은 종이라고 생각하면 된다. 티슈처럼 부드러운 종이에 인쇄하는 것은 상당히 힘이 드는데, 종이가 반송 중에 찢어져 버리기 때문이다. 인쇄용지로서 팔리고 있는 것은 어느 정도의 강도를 가지고 있기 때문에 그다지 신경을 쓰지 않아도 된다.

종이의 결은 종목과 횡목이 있으며 종이를 뜬 방향이 전지 사이즈 종이의 긴 변과 평행한 것을 종목, 짧은 변과 평행한 것을 횡목이라고 한다. 제책할 때는 책의 위 · 아래 방향과 종이의 결을 맞춘 '순목' 이 원칙이다. '역목' 이 되면 도서의 개폐가 어렵거나 마구리 측에 주름이 생기기 때문에 주의해야 한다.

이와 같이 종이는 속성에 의하여 다양하게 분류되어 있지만, 실제의 종이 선택에는 사용 목적에 맞게 대략적으로 지침이 있기 때문에 거기에 맞게 선택하면 별다른 문제는 없을 것이다. 다음은 종이의 종류별 특징이다.

	종이의 종류	성 분		용 도
비도공지	상질지	화학펄프 100%		서적 · 포스터 · 상업인쇄물 등
	중질지	화학펄프 70% 이상 100% 미만		서적 · 포스터 · 상업인쇄물 등
	상갱지	화학펄프 40% 이상 70% 미만		잡지본문 · 학습지 등
	갱 지	화학펄프 40% 미만		신문 · 만화 등
	그라비어 용지	기계펄프를 함유, 슈퍼캘린더 가공		그라비어 인쇄용 등
도공지		베이스	도공량	
	아트지	상질지	40g/m^2	포스터 · 고급인쇄물 등
	코트지	상질지, 중질지	20g/m^2	포스터 · 고급인쇄물 등

용지의 종류

■ 종이의 종류별 특징

▶ 하급지 · 갱지 - 백색도, 평활도, 강도가 좋지 않은 종이로 가벼우며 거친 느낌이 난다. 가격이 저렴하기 때문에 신문과 만화 등의 인쇄에 주로 사용된다.

▶ 중질지 - 중급지 또는 서적용지라고도 불리며 보통의 백색도와 강도를 가지고 있는 종이로 일반 단행본의 본문과 잡지의 본문, 학습지 등에 사용된다.

▶ 상질지 - 중급지보다도 백색도와 강도가 높다. 일반 단행본의 본문, 잡지의 본문 등에 사용된다. 중질지보다도 고가이다. 현장에서는 모조지 계열의 종이를 말한다.

▶ 아트지 - 상질지에 백토 등의 안료를 코팅한 종이이다. 일반적으로 도공지라고도 불린다. 백색도, 평활도가 뛰어나며 컬러 인쇄를 하기에 최적의 용지이지만 가격은 비싼 편이다.

▶ 코트지 - 아트지에 코팅한 백색안료의 양을 조금 낮춘 종이로 백색도와

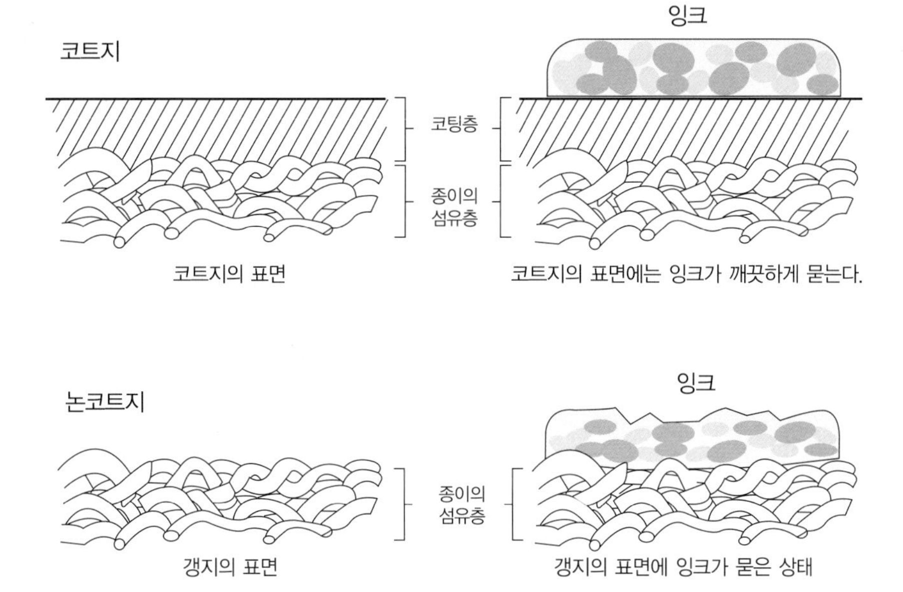

코트지와 논코트지

평활도는 아트지보다 조금 떨어진다. 그러나 아트지보다도 저렴하며 가볍기 때문에 전단지 등에 사용된다. 컬러의 재현성은 높기 때문에 경제적으로 컬러 인쇄물을 제작할 때에 사용하면 좋다.

▶ 크라프트지 - 포장용 종이로 강도를 강하게 하기 위하여 섬유가 긴 크라프트 펄프를 원료로 한 종이이다. 원래는 옅은 갈색을 띄었다. 백색도가 떨어지는 결점을 보완하기 위하여 표백을 한 크라프트지도 있다. 상품의 포장지와 쇼핑백 등에 사용되며 표백을 한 후 인쇄하면 고급 포장지가 된다.

▶ 판지 - 단단하고 두꺼운 종이로 황색 판지, 백색 판지, 골판지 등이 있다. 직접 인쇄를 하기보다는 패키지 등에 사용된다. 초지 단계에서부터 여러 번 두껍게 떠내 만드는 판지도 있으며 2장 이상의 종이를 겹쳐 만든 합지도 있다. 골판지는 압력에 강하고, 강도도 세기 때문에 운반용으로도 사용된다.

▶ 특수지 · 가공지 - 인쇄용지 이외에도 식품 포장, 박리지, 인화지, 정전기록지 등 특수 용도에 사용되는 종이가 있다. 이러한 특수지와 가공지를 사용하면 종이에 의한 단순한 인쇄 표현을 넘은 다채로운 특성을 가지는 인쇄 재현을 얻을 수 있게 되었다.

이처럼 원료와 가공의 정도에 따라서 종이는 몇 종류로 나누어진다. 이러한 종이를 용도와 목적에 맞게 사용하는 것으로부터 인쇄는 시작되는 것이다.

(13) 제책 공정의 여러 가지

■ 제책이란?

인쇄된 종이를 순서에 따라 모아서 읽기 쉽게 책으로 엮은 것을 이야기한다. 책을 만드는 목적은 ① 낱장으로 된 서류 등이 흩어지지 않게 하고, ② 읽기에 편하고 취급하기에 간편하도록 하며, ③ 문화 · 지식 · 정보 등을 근원으로 해서 과거 · 현재 · 미래를 연결시키는 역할을 하기 위하여 묶음을 만들어 장기간 보존할 수 있도록 하는 것이다.
제책은 제본이라고도 부르며, 크게 나누어 간이 제본 · 재래식 제본 · 양장 제본 이렇게 3가지로 분류된다.

■ 가운데매기와 무선매기

인쇄가 끝난 전지 인쇄물을 '인쇄본' 이라고 부르며, 이것을 책과 책자의 형태로 가공하는 것을 '제책' 이라고 위에 설명하였다. 제책에는 인쇄된 인쇄물을 접지 가공하고, 페이지 순서로 정열하여 다양한 방법으로 접지물을 묶는다. 묶는 방법에는 '가운데매기' 와 '무선매기' 라고 불리는 방법들이 있다.

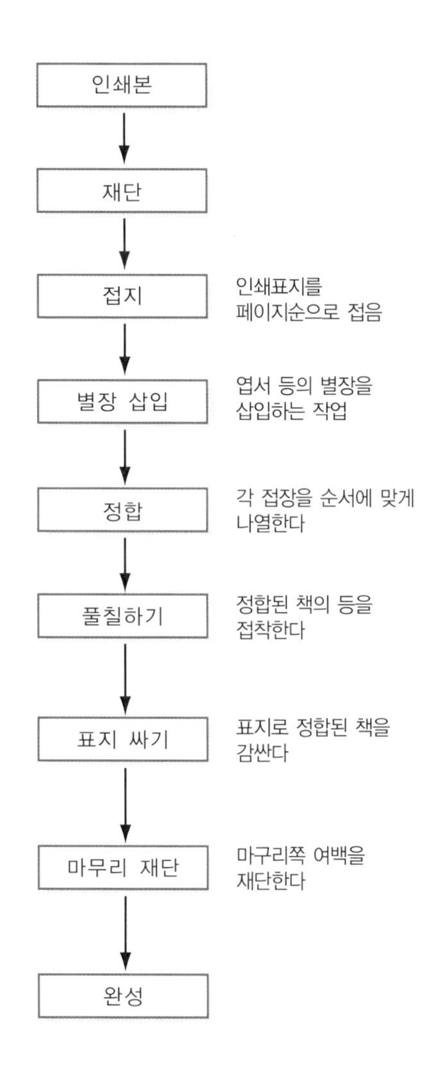

무선 제책 공정

*하드커버가 아닌
도서를 제책하는
공정이며, 하드커버의
책은 이것보다
공정이 더복잡하다.

'가운데매기'는 종이를 양쪽으로 접고, 중앙을 철심으로 매는 형식이다. 주간지, 학습지 등이 가운데매기로 되어 있는 경우가 많다. 가운데매기의 장점으로는 도서의 개폐가 쉬우며, 제책의 방법도 비교적 간단한다.

'무선매기'란 접지물의 등 부분을 풀로 붙이는 방법으로 대부분의 단행본에 사용된다. 무선매기는 접지물을 정합하여 등 부분을 잘라 내고 그 틈에 수지를 넣어 서로 접착시키는 방법으로 가운데매기보다 다소 시간과 노력이 필요한 제책방식이다.

그 외에도 구멍을 내고 링(Ring)을 사용하는 링제책, 실로 매는 실매기 등의 제책 방식이 있다. 실매기는 주로 호화 양장본에 사용 된다. 대부분의 도서들은 무선매기로 제책되어 있다고 해도 과언이 아닐 것이다.

■ 무선과 양장

제본된 책은 책의 위 · 아래와 마구리(도서의 외측)를 깨끗이 하기 위하여 재단을 하는데, 이것을 '다듬재단'이라고 한다. 일반적인 도서는 이 다듬재단이 끝난 후 완성본이 된다. 이것 외에도 도서의 외장을 예쁘게 하기 위하여 표지 앞 · 뒤를 길게 하여 접어 넣은 표지를 사용하기도 하는데, 이러한 표지를 '접음표지'라고 한다.

조금 더 견고한 제책을 할 경우에는 양장제책을

한다. 표지를 싸기 전에 다듬 재단을 하고 두꺼운 표지를 싸기 때문에 '하드커버 (Hard cover)'라고도 불린다.
양장제책의 경우에는 실매기로 제책이 이루어지는 경우가 많지만, '아지로 매기' 라고 해서 일반 양장 제책과 동일한 공정을 거치지만, 실을 사용하지 않는 방법도 있다. 양장제책의 종류로는 등의 모양이 각진 각 양장과 등의 모양이 둥글게 되어 있는 둥근양장 2가지로 되어 있다. 양장 제책은 일반 제책 방식보다 가격도 비싸며 시간도 많이 걸리기 때문에 고급스러운 도서의 제책에 사용된다.

(14) 마무리를 아름답게 하는 표면 가공

■ 표지의 박 가공

금박과 안료박을 가열한 동판으로 표지와 동판 사이에 두고 가압 · 접착하여 문자와 그림을 장식한다.

표지에 사용되는 크로스 등의 재질 종류에 의하여 박누름을 한 문자와 그림의 화선부 주위에 여분의 박이 남아 있는 경우도 있다. 이것을 방지하기 위해서는 글씨체가 14, 15급 이상의 크기로 하는 것이 바람직하다.

박누름에 사용되는 동판에는 부식 볼록판과 조각 금판(金版) 2종류가 있다. 부식 볼록판은 아연 볼록판과 동 볼록판이 사용된다. 아연 볼록판의 부식에 사용되는 약재는 초산(硝酸), 동 볼록판에는 염화 제2철용액이 사용되며, 부식법으로서는 침전부식법과 파우더레스법이 있다. 박누름에 사용되는 볼록판의 두께는 1.7~2mm가 적당하며, 부식하는 심도는 0.7mm, 부식각도는 70도가 가장 적당하다.

표지의 박 인쇄

조각 금판의 재질은 놋쇠를 이용하며 통상 7~10mm의 두께로 조각한다. 조각 방법은 우선, 판재의 표면을 금속 브러시 등으로 충분히 연마하여 감광액이 잘 부착되도록 하여 감광액을 도포, 건조시켜 판의 표면에 감광막을 만든다. 그 막면에 필름 원고를 밀착시켜 노광하여 화선부와 비화선부를 구별한다. 그리고 그림과 문자의 형상을 따라 기계로 조각한 후에 표면을 매끄럽게 연마하여 완성시킨다.

매우 부드러운 재질의 금속을 사용하기 때문에 떨어뜨리거나, 다른 금속과 마찰이 있으면 상처가 생기기 쉬우므로 운반을 할 때는 매우 조심해야 한다.

■ 표면 가공의 종류

표지와 커버(자켓)의 인쇄 면을 보호하고, 잉크의 변색 방지, 방습, 내약품성, 장식, 위조방지, 인쇄효과, 용지의 강인성과 두께감을 증대시키기 위하여 다양한 코팅 방법이 사용되고 있다. 표면에 광택을 낸다는 점에서는 모두 유사하나, 약품이 서로 다르고 코팅 방식에서 조금씩 다르기 때문에 환경이 다를 경우에는 여러 가지 문제가 발생하는 경우도 있기 때문에 주의해서 사용해야 한다.

◆ 바니스 코팅 : 본인쇄가 끝나고 건조된 후 오프셋 인쇄기에 그대로 바니스를 넣고 덧인쇄하는 것으로 무색으로 얇고 광택이 나는 투명막이 형성된다. 비교적 코팅류 중에서 제일 흔하지 않고 약한 편이다. 특징으로는 속건성이며, 전면(全面)을 코팅할 수 있지만, 부분적인 코팅도 가능하다.

◆ 유성 라미네이팅 : 코팅 접착제의 약품이 유성용제로 공해물질인 유기용제를 사용하므로 냄새가 사람에게 유해하기 때문에 현재는 법적으로 규제되어 사용할 수 없다.

◆ 수성 라미네이팅 : 라미네이팅 중에서 가장 보편적이며 많이 알려져 있는 방법이다. 원단은 과거에는 PVC를 사용하였으나, 지금은 P・P(폴리프로필렌*)이 주로 사용되고 있다. 원단 자체는 유성 라미네이팅에 사용하는 유성용제와 방법과 같으나 코팅 접착제의 용제가 수성이라는 점이 다르다. 유광과 무광이 있는데 이 차이는 원단 자체가 다르기 때문이

다. 라미네이팅은 인쇄된 잉크 위에만 코팅하는 것이 아니라, 종이에 접착을 하는 것으로 잘 찢어지지 않고 견고하며 코팅면이 두껍고 광택이나 표면 보호에 가장 효과적이다.

◆ UV 코팅 : 경화액을 표면에 바르고 자외선(UV) 램프를 통과해서 코팅되는 방식이다. 무공해이고 자연친화적이기 때문에 분리 수거하지 않아도 되어 차츰 사용이 많아지고 있다. 하지만, 코팅막이 얇기 때문에 잘 찢어지는 단점이 있다.

◆ 비닐 : 색조가 붉은 기운을 띄어 새도부가 재현되지 않는 원인은 폴리프로필렌과 유사하게 비닐의 피막으로 인하여 잉크층의 광 반사율이 낮아지기 때문이다. 교정지에 비닐프레스한 것으로 확인하는 것이 좋다.

***P.P(폴리프로필렌)** : P.P 접착을 한 후에 기포가 생겨 매엽 인쇄시에 사용한 파우더가 눈에 보이는 경우가 있다. 이것은 기온이 낮은 겨울에 인쇄한 잉크의 건조가 늦을 때, P.P를 접착한 후에 잉크 용제가 증발하고, 그 영향에 의하여 기포가 생기기 때문이다. 이러한 문제를 막기 위해서는 인쇄할 시점으로부터 드라이어를 첨가할 필요가 있다. 그리고 잉크의 안에 왁스가 많으면 재단면으로부터 P.P 필름이 박리(剝離)될 경우가 있기 때문에 왁스가 적은 잉크를 사용하는 것을 권장한다.
P.P 필름을 접착한 후에 필름에 의한 잉크 층의 광 반사율이 저하되어 색조의 재현이 나쁘게 된다. 클레임의 사유가 되는 경우가 있기 때문에 P.P를 접착한 인쇄물로 교정을 보는 것이 좋다.

습식 라미네이팅 : 일반적으로 가장 많이 활용되고 있는 방식으로 건조 시간이 건식 라미네이팅보다 오래 걸린다. 롤러에 말려 들어가면서 코팅되기 때문에 용지가 동그랗게 말린다는 단점이 있어 얇은 종이는 되도록 펼쳐진 상태로 코팅되는 건식으로 하는 것이 바람직하다. 일반 도서의 표지 코팅에 많이 사용되고 있다.

건식 라미네이팅 : 습식 라미네이팅 방법과 같고 접착용제가 휘발성으로 냄새가 조금 나며 기계 구조가 조금 다르다. 공기 중에 자연 건조되는 습식과는 다르게 기계 자체에서 열건조를 하기 때문에 습식 라미네이팅에 비하여 건조 시간이 훨씬 짧다. 따라서, 습식 라미네이팅처럼 인쇄물이 말리는 현상은 없지만, 건조 시간이 짧기 때문에 인쇄면끼리 달라붙는 단점이 있다.

〈표면 가공의 트러블 예〉

① 코팅한 종이가 줄어들음

건조불량으로 발생한다. 코팅에서 가장 많이 발생하는 문제이다. 보통 도서의 표지는 본문과는 별도로 인쇄하여 코팅한다. 코팅한 후에 완전 건조가 되지 않은 상태에서 제본하면, 내지와 표지의 크기가 달라지는데, 이는 코팅된 후에 종이가 많이 수축하기 때문이다. 특히 겨울철에 가장 많이 수축된다.

② 코팅한 용지가 울렁거리거나 주름이 생김

용지 자체에 습도 함량이 많거나 고르지 않아 울렁거리고 원단이 겹칠 때 주름이 생긴다.

③ 기포가 발생함

작은 공기 주머니가 생기는 현상으로 모조계열의 종이에서 많이 나타난다. 수분함량이 많거나 평활도가 낮은 용지, 밀도가 낮고 흡수율이 높은 용지, 결이 있는 레자크지, 엠보싱지 등에 자주 발생한다.

④ 파우더 과다로 접착제가 잘 묻지 않음

코팅이 잘 되지 않을 때는 주로 베다 인쇄시 뒷묻음 방지를 위한 파우더 때문인 경우가 많다. 또는 코팅면이 고르지 않다거나 접착제가 묻지 않아 인쇄물과 코팅원단이 분리되는 경우도 있다.

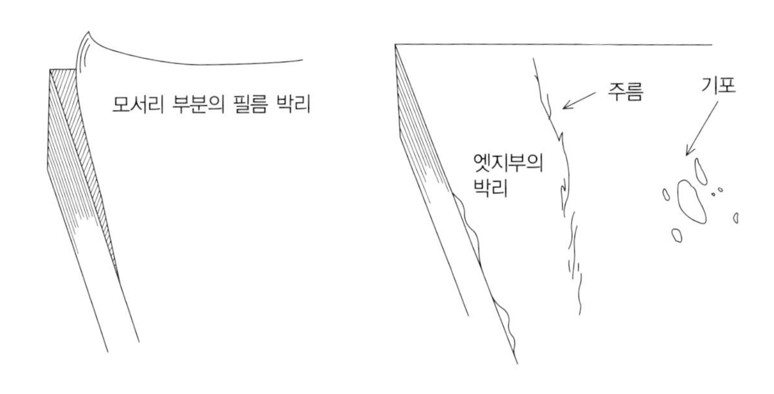

표면 가공 트러블

(15) 주문형 인쇄

■ 주문형 인쇄란 무엇인가

'주문형 인쇄'는 고객의 요구(On-Demand)에 따라 '원하는 때', '원하는 수량' 만큼 인쇄해 주는 개념으로 나라에 따라서는 이러한 서비스를 POD(Print On Demand) 또는 On Demand Printing이라 명명하고 있다. 주문형 인쇄는 고성능 디지털 인쇄기를 이용해 PDF 또는 주문형 인쇄 전용 프로그램으로 편집된 디지털 파일을 기존의 오프셋 인쇄 방식과는 전혀 다른 별도의 중간과정 없이 필요한 양만큼만 즉시 인쇄하는 것이다. 주문형 인쇄 방식은 사전제작과 보관 · 유통 단계를 생략해 보관 · 유통 비용을 절감하고, 디지털 데이터로 보관하기 때문에 업그레이드가 편리해 불필요한 자원의 낭비를 없앨 수 있는 게 장점으로 꼽힌다.

기존의 오프셋 인쇄 방식은 비용의 약 80% 이상이 인쇄를 할 수 있는 직전 상태인 필름작업까지 소요되기 때문에 고정비는 책 1권을 출판하는 비용이나 책 500권을 출판하는 비용은 거의 차이가 없을 정도이다. 특히 개인별로 내용이 다른 책들을 1권씩만 출판한다는 것은 생산 단가가 너무 높아질 뿐 아니라 제작 기간이 너무 많이 소요되어 현실적으로 불가능한 실정이다. 하지만 주문형 인쇄는 책 1권 출판시 소요되는 비용이 저렴하고 제작 기간이 짧아 소량 다품종 인쇄 제품의 생산이 가능하다. 따라서 주문형 인쇄를 활용하면 절판 도서의 재출간·복간, 신규 서적 시장조사를 위한 소량 시험 출판, 연간 1,000부 미만의 판매가 예상되는 서적에 적합한 인쇄 서비스 형태라 할 수 있다.

■ 주문형 인쇄의 대상영역

과거의 대량 생산체제에서는 필연적으로 평균적인 고객을 예상하고 이들에 맞춰 표준화된 상품을 만들어 낼 수밖에 없었지만, 기술이 진보하고 사회가 다변화됨에 따라서 소비자가 되는 독자 또한 다양한 양상을 띄게 되었다. [주문형 출판 대상영역1]과 [주문형 출판 대상영역2]은 주문형 인쇄의 대상영역을 나타내는데, 앞에서 설명하였듯이 디지털 기술의 개발로 주문형

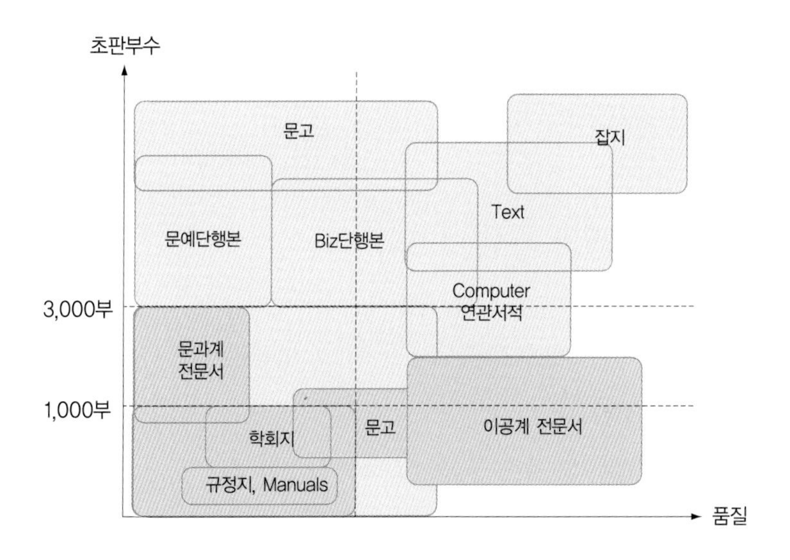

주문형 출판 대상 영역1

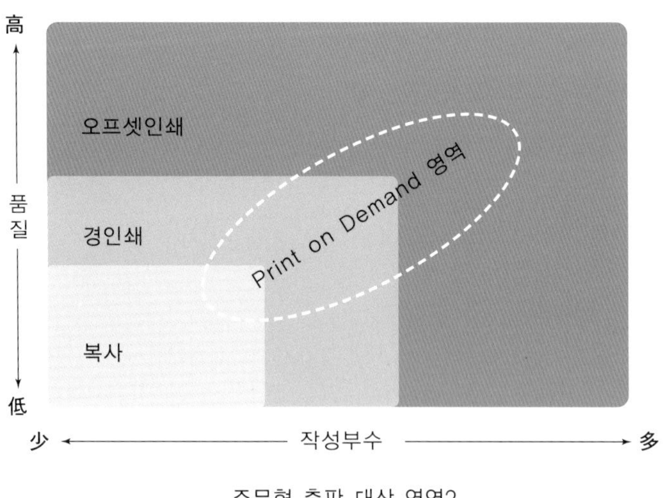

주문형 출판 대상 영역2

인쇄 서비스가 가능해지기 전까지는 인쇄물의 종류, 배포, 수량에 관계없이 대부분의 인쇄물들이 제작방식에 있어서는 비슷한 유형으로 제작이 되었지만, 디지털 인쇄술로 인하여 배포 수량이 한정되어 있는 이공계 전문서적, 학회지, 규정집 등이 주문형 인쇄 서비스에 적합한 영역으로 들어왔으며, 판매가 미진하여 더 이상 대량인쇄가 불가능한 도서 또한 데이터만 디지털로 되어 있으면 도서 제작이 가능하게 되었다.

■ 주문형 인쇄의 특징

주문형 인쇄의 특징으로는, 고객 한 명, 한 명에게 맞춤 인쇄 서비스가 가능해진다는 것이다. 지금까지는 특정 고객들만을 대상으로 한 인쇄 서비스 제공은 제작비 및 제작 공정상의 문제 등으로 불가능하였지만, 주문형 인쇄는 특정 고객을 대상으로 고객이 원하는 정보를 수집, 선별하여 고객이 원하는 방식으로 '맞춤 인쇄 서비스' 를 제공한다는 것이다.

다만, 고객이 원하는 콘텐츠의 테이터베이스가 정비 가능한가가 관건인데,

특히 1개사의 콘텐츠에 국한되지 않고 2개사, 3개사의 복수 회사의 콘텐츠를 자유롭게 선별하여 사용할 수 있으면, 이 인쇄 서비스는 성공할 수 있을 것이다.

Freshmate
삼립
신선한
생크림식빵
김치

식품 · 생활용품 인쇄

(1) 과자 인쇄
(2) 항균 코팅
(3) 식품용기 인쇄
(4) 음료의 종이용기 인쇄
(5) 화장품용기 인쇄
(6) 튜브용기 인쇄
(7) 음료캔 인쇄
(8) 병마개 인쇄
(9) 도자기 인쇄
(10) 유리 인쇄
(11) 건축자재 인쇄
(12) 직물 인쇄(날염 인쇄)

(1) 과자 인쇄

■ 레이아웃부터 인쇄까지

인쇄에 사용되는 피인쇄체라면 일반적으로 종이를 떠올리지만, 실제로 인쇄업계에서는 공기와 물 이외에는 어디서나 인쇄가 가능하다고 말한다. 종이 이외의 피인쇄체를 살펴보면, 우선은 식품 분야에서의 인쇄인데 먹는 음식을 담는 포장 용기의 인쇄 뿐만 아니라 그 속의 과자 또한 인쇄가 가능하다. 예를 들면 초콜릿과 비스킷의 표면에 동물 등의 일러스트가 그려져 있는 과자가 있다. 이것 또한 인쇄로 만들어진 것이다.

그러면, 잉크는 먹어도 괜찮은 것일까? 식품에 사용되고 있는 잉크는 먹을 수 있는 소재로 만들어진 '가식성 잉크(식용성 잉크)' 라고 불려지는 것으로 건강상에는 아무런 문제가 없다.

음식에 인쇄를 하기 위해서는 스크린 인쇄방식이 주요 인쇄 방법이며 그 외에도 정전 인쇄방식 등이 있다.

■ 가열과 함께 인쇄

스크린 인쇄에서는 40℃부터 50℃정도의 열을 가하면 유연해지는 핫멜트

과자 인쇄

형 잉크를 사용한다. 유연한 상태에서는 점성이 낮으며, 피인쇄물에 밀착하기 쉽게 되는 성질을 가진 재료이기 때문이다.

인쇄 방법은 금속틀에 세세한 망을 걸고, 그 망 사이로 잉크를 투과시켜 피인쇄체에 인쇄한다. 이 망을 스크린이라고 부른다. 소재로는 비단이 많이 사용되므로 '실크 스크린' 이라고도 불려진다.

그 스크린에 수지 등으로 마스킹을 하고, 일러스트에만 구멍을 열어두고 그곳으로만 잉크를 투과시킨다.

스크린 인쇄의 판에는 평평한 것과 원통형의 로터리식이 있다. 로터리식의 경우에는 판을 회전시키면서 원통 내에 펌프로 식용성 잉크를 보낸다. 원통의 내부에는 고정된 '스퀴지(Squeegee)' 라고 불리는 것이 있다. 이 스퀴지로 인쇄판의 내측으로부터 외측으로 잉크를 밀어내면서 인쇄를 행한다. 이때 잉크가 식으면 굳어버리기 때문에 가열하면서 잉크가 공급되도록 한다. 따라서 그것과 함께 인쇄판에도 전류 등을 통과시켜 적정한 온도로 가열시켜 잉크가 굳지 않도록 하고 있다.

인쇄대상	인쇄표면에 수분이 있는 제품	인쇄표면에 수분이 없는 제품
정착방법	습기로 정착 · 히터로 정착	자연건조
비　고	증기정착의 경우에는 단백질계의 잉크를 이용한다.	

식용 잉크의 정착방법

■ 비스킷이 부서지지 않게 인쇄하는게 중요

힘을 조금만 주면 부서져 버리는 비스킷의 표면에 인쇄하기 위해서는 스크린 인쇄에 정전 인쇄*를 사용하는 방식도 사용된다.

비스킷을 만드는 일반적인 공정을 간단하게 설명하면, 우선 재료를 믹서기에 넣어 반죽을 한다(믹싱이라고 부른다). 만들어진 비스킷 반죽을 컨베이어에 태우고 운반하면서 롤러를 비스킷 모양으로 얇게 만든다. 일정한 두께가 되면 비스킷의 형태로 모양을 딴다. 굽기 전의 비스킷에 인쇄를 하는데, 잉크는 식물성의 색소와 식품용 유화제를 미크로 단위로 분체(토너)한 것을 이용한다.

인쇄방법은 스테인리스제의 스크린과 전극을 적당한 거리를 두고 마주보게 하고, 그 사이에 비스킷을 두고, 스크린과 전극의 사이에 직류 전압을 건다. 스크린 상에서 토너를 브러시 롤러로 문지르면, 스크린의 목을 통과할 때 잉크가 대전되고 마이너스 이온을 가지고, 플러스의 전극 측으로 당겨지고, 그 사이에 있는 비스킷의 위에 부착하는 시스템이다. 그리고 인쇄한 상을 건조 롤러 등으로 정착시키면 완료가 된다. 이 정전 스크린 인쇄는 무압인쇄이기 때문에 재료에 손상을 입히지는 않는다. 그리고 금속과 표면이 같은 높이가 아니기 때문에 병 등의 곡면에도 인쇄가 가능한 방식이다.

비스킷의 인쇄는 사람이 직접 먹는 음식이기 때문에 이물질이 들어가면 절대 안 되므로 위생관리에도 많은 신경을 써야만 한다.

***정전 인쇄 :** 정전 인쇄는 정전기의 힘을 사용하여 재료와 판을 접촉시키지 않고 인쇄하는 방법이다. 이 원리는 복사기에도 사용되고 있다. 복사기의 경우에는 종이를 마이너스에 토너(잉크에 해당)를 플러스에 대전시키면, 토너가 종이의 전기력에 끌려 부착하는 것으로 인자된다. 원본에 광을 쏘아 원고를 읽어들이고, 복사용지의 광을 흡수하는 원화부에 대응하는 부분(문자와 그림, 사진 부분)을 마이너스에 대전시켜 광을 반사하는 부분(원고의 흰 부분)을 대전시키지 않고 둔다. 그러면 복사용지의 화선부분에만 토너가 부착하고, 비화선부에는 토너가 부착하지 않고 하얗게 남는다. 이렇게 해서 원고가 재현된다. 마지막으로 열로 토너를 정착시켜 대전해 있는 정전기를 없애고 인쇄가 종료된다.

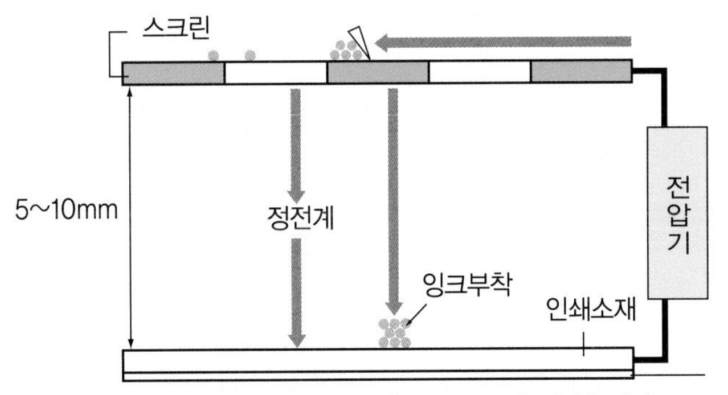

정전 스크린 인쇄 프로세스

(2) 항균 코팅

■ 인쇄로 세균을 막다

항균 칫솔, 항균 주방용품, 항균 빗, 항균 휴대전화 등 다양한 항균 가공제품이 판매되고 있다.
항균(抗菌)가공이란 공기 중에 돌아다니는 유해한 균이 상품에 부착하기 힘들게, 또는 부착되더라도 증식하기 힘들도록 재료 표면에 가공 처리한 것이라고 생각하면 된다.
항균 처리된 제품에는 플라스틱 원료에 항균제를 혼합한 것이 많았다. 이에 비하여 항균 코팅은 인쇄 후에 도료를 입히는 것으로 항균효과를 내는 것이므로 플라스틱 뿐만 아니라 종이 제품에도 응용가능하다.
항균 코팅을 하기 위해서는 각종 항균제를 코팅용 잉크 또는 니스에 분산시켜 오프셋과 그라비어로 인쇄된 제품의 표면에 가공처리를 실시한다. 이 가공에 의하여 항균 효과를 낼 수 있다.

■ 인체에 무해한 항균 코팅

항균 코팅의 응용 범위는 폭넓게 사용되고 있으며 선불교통카드 등의 자기

(磁氣) 정보를 가지는 제품에 응용하여도 그 기능을 저하 시킴없이 항균 효과를 낼 수 있다.

그리고, 직접 피부와 접촉하는 위생용품에 자연소재를 사용한 항균제를 코팅하고, 항균과 방취효과를 겸한 것도 있다. 지기류에도 사용되고 있다.

항균 가공 제품과 항균제에 관한 성능, 안전성 등에 관해서는 관련 기관의 허가를 득해야 하므로 주의를 요할 필요가 있다.

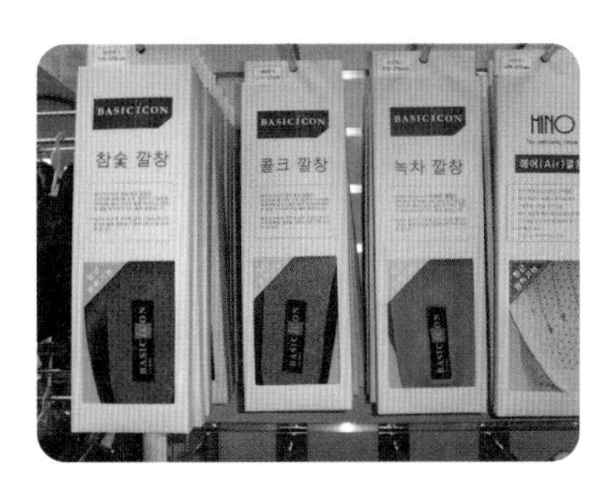

항균 가공

무기계	은, 아연 등을 항균성분으로 하는 것
유기계	식품의 방부성분을 이용한 것
천연계	천연의 항균 작용을 이용한 것
광촉매계	산화 티탄 등 광에 의하여 유기 성분을 분해 하는 것
그 외	복수의 항균제를 혼합한 것

항균제의 종류

(3) 식품 용기 인쇄

할인점 및 편의점의 진열되어 있는 라면과 과자류의 용기에는 사람들의 관심을 끌기 위하여 세련된 디자인이 인쇄되어 있다.

포장재의 가장 큰 목적은 내용물의 보호에 있을 것이다. 포장되는 내용물에 따라서는 기름이 많고, 산소를 싫어한다든지, 습기에 약하다든지, 발효식품으로 가스를 발생한다든지 등의 다양한 성질을 가지고 있다. 이와 같이 다양한 제품을 보호하기 위하여 산소와 탄산가스, 수분 등에 대하여 강한 소재를 선택하여야만 한다.

인쇄업계에서는 이러한 비닐의 포장지를 '연포장' 이라고 부르고 있는데 이것 또한 인쇄로 가공된 것이다. 종이가 비닐 소재로 바뀌었다라고 생각하면 이해하기 쉬울 것이다.

용기에 사용되는 주된 소재는 폴리에틸렌을 비롯한 플라스틱 필름과 종이, 종이와 유사한 셀로판, 금속의 알루미늄 박 등이 있으며, 포장하는 내용에 따라서 각각 적합한 특성을 가지는 소재가 사용된다.

가장 단순한 예로는 설탕을 넣는 투명한 포장재인데, 이것은 폴리에틸렌으로 만들어진다.

인쇄방식으로서는 소재에 의하여 조금씩 다르지만, 필름 베이스인 경우에는 그라비어 인쇄방식이 주로 사용되고 있다.

■ 알루미늄 증착 필름으로의 인쇄

서양에서는 지금도 많은 과자 봉지들이 속이 훤히 보이는 투명한 봉투를 사용하고 있지만, 한국은 일부 업소용을 제외하고서는 거의 자취를 감춰버렸다. 그 이유로는 소비자의 시선을 끌기 위한 목적도 있지만 내용물을 직사광선으로부터 보호하기 위한 목적 또한 있기 때문이다. 알루미늄 증착은 금속의 알루미늄을 얇은 막으로 하여 폴리프로필렌 등의 소재의 표면에 응착시키는 기술이다. 알루미늄박 전체를 인쇄하는 경우도 있지만, 종이에 접착시키거나, 인쇄한 필름에 접합시키는 복합 필름도 있다.

■ 종이컵

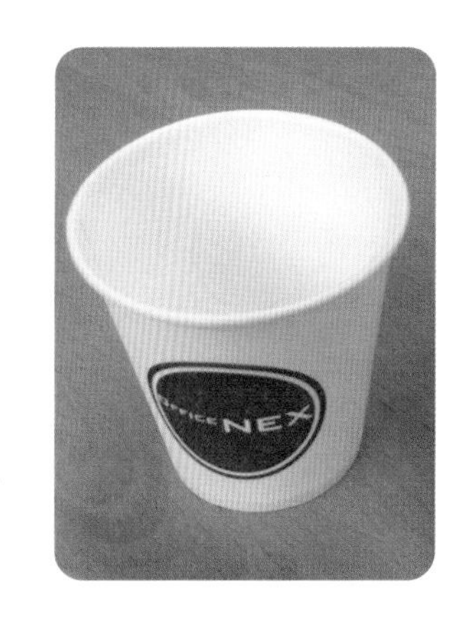

주변에서 흔히 볼 수 있는 종이컵은 방수 가공을 한 종이를 접착제로 접착시켜 만든다. 음료수를 넣기 때문에 식품위생기준을 준수해야 하며, 상온의 액체를 넣기보다는 고온 또는 저온의 음료를 넣는 경우가 많기 때문에 열에 의하여 방수제가 녹지 않도록 해야 한다. 이러한 이유 때문에 종이컵에는 두꺼운 종이에 폴리에틸렌 등을 입힌 원지를 사용하고 있다. 내수성이 있기 때문에 우유, 술, 주스 등의 액체제품 용기로도 사용되는 소재이다.

■ 냉동식품, 컵라면 용기

이러한 식품 재료의 용기로 요구되는 것은 고열에 잘 견디며, 용기의 성분이 고열에 의하여 녹지 않는 것이다. 당연한 것이겠지만, 말처럼 쉽지만은 않다. 예를 들어, 유리컵에 뜨거운 물을 넣는 것만으로 유리 성분은 물에 녹는다. 고열에 100% 견디어 낼 수 있는 재료는 드물기 때문에 고열에 의하여 성분이 많이 녹는가, 녹지 않는가가 중요한 관건이다. 그리고 녹아 내린 성분이 인체에 유해한가 무해한가라는 문제이다. 그렇기 때문에 유해 성분이 기준치 이하로 녹는 것이 요구된다.

■ 전자렌지용 플라스틱 포장

전자렌지에서 사용하는 제품에는 내열성이 요구된다. 전자렌지는 물분자를 진동시키는 것으로 열을 발생시키는 구조이기 때문에 소재로 전자렌지의 고주파에 진동하는 재료가 사용되면 재료 자체가 발열해 버리는 우려가 있을 수 있다.

■ 종이 캔

커피 캔이라고 하면 알루미늄과 철로 생긴 캔을 상상하게 되지만, 종이로 만든 캔도 있다. 이것은 국내에는 아직 없으며 일본에서 쓰레기에 몸살을 앓고 있는 지역에서 커피와 홍차, 쥬스 등을 캔 대신 종이로 만든 캔에 넣어 일반인들에게 판매하고 있다.

구조적으로는 종이로 된 우유팩과 유사한 다층구조의 종이로 되어있지만, 커피, 홍차의 경우에는 가열하는 경우도 있기 때문에 내열성이 있는 소재가 내면에 사용되고 있다.

■ 라미네이트 기술

포장소재를 조합하는 기술에는 여러 가지가 있지만, 대표적인 것으로서는 라미네이트 기술이 있다. 라미네이트란 2가지 이상이 다른 성질의 소재를 겹치는 것으로 그것에 의하여 특수한 포장 성능을 가지게 한 것을 라미네이트 필름이라고 한다.

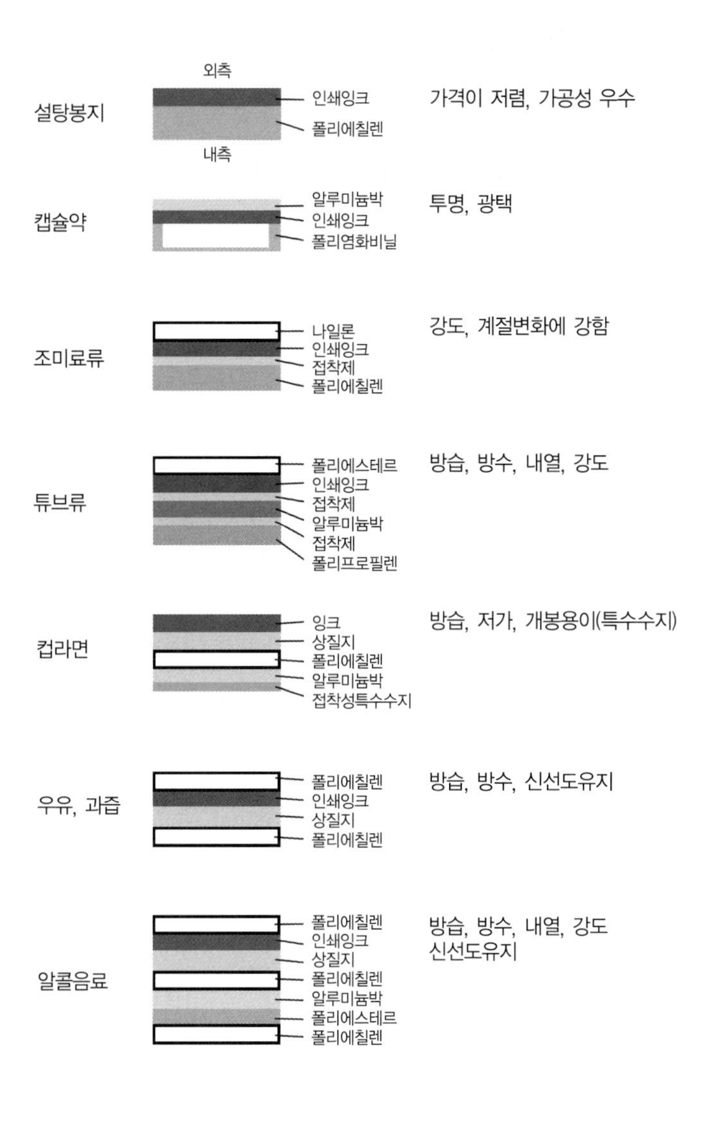
외측
설탕봉지
인쇄잉크
폴리에칠렌
가격이 저렴, 가공성 우수
내측
캡슐약
알루미늄박
인쇄잉크
폴리염화비닐
투명, 광택
조미료류
나일론
인쇄잉크
접착제
폴리에칠렌
강도, 계절변화에 강함
튜브류
폴리에스테르
인쇄잉크
접착제
알루미늄박
접착제
폴리프로필렌
방습, 방수, 내열, 강도
컵라면
잉크
상질지
폴리에칠렌
알루미늄박
접착성특수수지
방습, 저가, 개봉용이(특수수지)
우유, 과즙
폴리에칠렌
인쇄잉크
상질지
폴리에칠렌
방습, 방수, 신선도유지
알콜음료
폴리에칠렌
인쇄잉크
상질지
폴리에칠렌
알루미늄박
폴리에스테르
폴리에칠렌
방습, 방수, 내열, 강도
신선도유지

라미네이트 필름

(4) 음료의 종이용기 인쇄

■ 종이의 액체용기는 다층 구조

주입구가 플라스틱으로 제작된 종이용기

우리가 일상적으로 마시고 있는 액체음료의 분야에서는 종래의 알류미늄 캔과 유리병 용기, 종이용기가 많은 부분을 차지하고 있다. 이것은 소비자의 생활의식 변화와 동시에 인쇄 기술 및 주변 기술의 진보가 크게 연관되어 있다고 볼 수 있다.

액체 음료를 대상으로 한 종이용기는 개인용 · 가정용 · 업소용 등의 용도별, 그리고 그 형태, 내용물, 유통온도와 조건에 따라 다양하게 분류되고, 또한 포장대상이 액체이기 때문에 용기 형태의 뒤틀림 방지와 내용물 누출방지의 목적으로 종이뿐만 아니라 알루미늄 박과 플라스틱 필름(폴리에스테르, 폴리에틸렌 등)을 붙이거나 주입구 캡을 플라스틱으로 제작하는 등 다양한 방법이 고안되고 있다.

■ 종이용기의 특징

액체용 종이용기는 일반적으로 소비자들에게 종이팩이라고 불리어지고 있는데 이 종이팩은 위생적이고 무취, 무독성이어야 하며 내수성, 내약품성,

차단성, 열봉합성 등이 요구된다. 따라서 용기용 소재로는 종이를 기본으로 플라스틱 필름, 알루미늄 포일, 왁스, 플라스틱 성형물 등으로 가공한 복합 재료가 이용되고 있다.

대표적으로 사용되고 있는 소재의 역할을 보면, ① 종이는 기본재료로서의 용기의 형태를 유지하고, ② 알루미늄포일은 차광성, 산소, 수증기, 방향(芳香)성분의 배리어성 기능을 부가하며, ③ 플라스틱 필름은 폴리에틸렌을 중심으로 쓰이는데, 주로 용기의 밀봉성, 액밀성을 유지한다. 그리고 ④ 플라스틱 성형물은 주입 및 출구의 마개 등에 쓰이고 용기의 편리성을 향상시킨다.

■ 우유팩

우유 팩 등의 종이 팩은 PE가공지라고도 칭하는데, '폴리에틸렌 / 종이 / 폴리에틸렌' 을 접합한 3중 구조로 되어 있다. 상품명 등의 인쇄는 중심 종이에 인쇄를 한다. 종이팩은 사각형을 하고 있기 때문에 운반성이 뛰어나며 가볍다.

다만, 종이팩의 내용물은 사람의 입이라는 신체의 일부와 접촉을 하기 때문에 재질과 취급에 대단한 주의가 필요하다.

예를 들어, 형광도료가 들어 있지 않은 종이를 사용하며, 산화방지제가 들어 있지 않은 폴리에틸렌을 사용하는 등의 위생적인 부분을 배려하지 않으면 안된다.

종이용기가 종래 사용되어 온 유리병을 대체하여 우유용으로 보급된 이유는 다음과 같다.

① 가볍고, 깨어질 위험이 없어 운반에 편리하다.

② 사용 후에 폐기처리가 용이하다.

③ 인쇄효과, 디스플레이 효과가 있다.

④ 불투명이어서 태양광선에 의한 악영향이 적고 위생적이다.

⑤ 유리병과 같은 회수 · 세척 · 선별 등의 작업이 불필요하다.

⑥ 수송 코스트가 적게 든다.

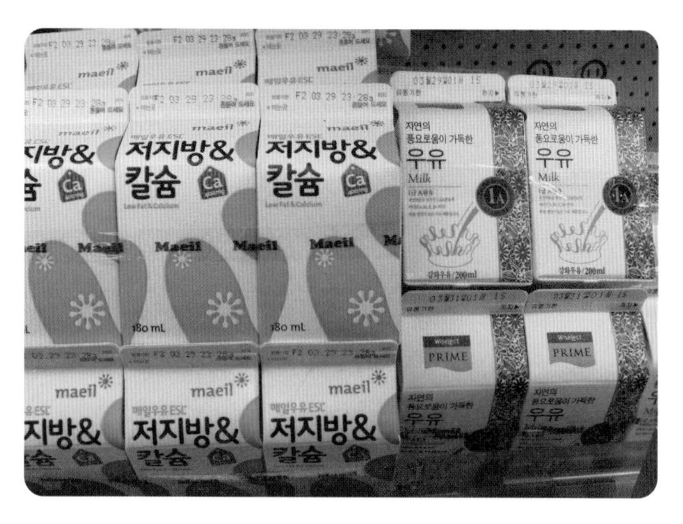

우유팩

■ 종이로 된 소주팩

소주에도 병 외에 종이팩이 사용된다. 소주에 종이팩이 도입된 당시에는 맛이 없어 보인다, 소주같아 보이질 않는다는 이유 등으로 싫어하는 사람도 많았지만, 병에 비하여 체적은 반으로 줄고, 중량은 40% 정도 감소하였기 때문에 물류 비용면에서는 매우 좋았다. 소주팩은 인쇄회사가 매우 적극적으로 개발한 제품이라고 할 수 있다. 우유의 포장에 사용되는 종이팩은 '폴리에틸렌+종이+폴리에틸렌' 의 3층 구조로 되어 있지만, 소주의 경우에는 그것보다도 다층구조로 되어 있어 기밀성을 높였다. 이것은 소주가 우유에 비하여 침투성이 높으며, 우유와 같은 팩으로는 침투가 되어버리기 때문이다.

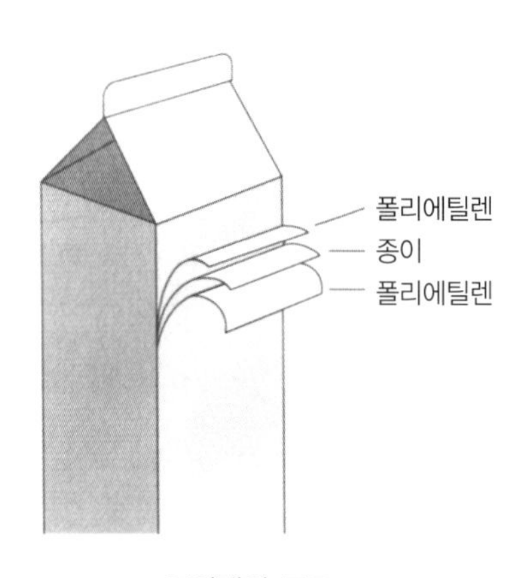

종이팩의 구조

소주 팩의 구조를 살펴보면, 내측으로부터 외측 순서로 '폴리에틸렌+ 알루미늄박+ 폴리에틸렌+ 종이+ 폴리에틸렌' 의 5

층 구조로 되어 있다.

현재는 더욱 더 개량되어 알루미늄박과 폴리에틸렌 사이에 폴리에스테르 필름이 들어 있는 6층 구조로 되어 있다.

소주팩

■ 스며듦 방지를 위해 재단면을 접는다

방수를 위하여 다층 구조로 용기를 제작하였지만, 마무리를 단면 재단하면, 종이의 재단면으로부터 알콜이 스며들어 밖으로 나와버린다. 그래서, 종이의 재단면을 접는 것으로 접합부분을 보호한다. 이는 종이의 재단면이 직접 내용물에 닿지 않도록 하기 위해서이다. 그리고, 용기의 마개와 재질의 표면에도 다양하게 처리되어 있어 내용물을 보존하는데 있어서도 아주 뛰어나다.

종이용기

(5) 화장품용기 인쇄

■ 인류와 함께 시작된 화장품

인간이 아름다움을 추구하는 것은 본능이다. 그리고 화장의 역사는 인류의 역사와 함께 시작되었다고 해도 과언이 아니다. 오랜 세월 인류 문화와 함께 지속되어 오면서 화장은 지역 문화 및 피부색, 그리고 시대에 따라서 그 방법이 다르게 변화해 왔으나 지역간 문화 교류가 일어나면서 아름다움의 기준이 보편화됨에 따라 오늘날은 세계 어디서나 똑같은 화장법을 쉽게 발견할 수 있다. 그리고 화장품과 화장용구까지 일관적인 모습을 갖추게 되었다. 화장 문화의 발달과 함께 다양한 모양새를 갖추며 변화해 온 화장용기 또한 빠트릴 수 없는 부분인데 화장용기는 소비자들에게 내용물의 특징을 한눈에 파악하도록 돕기 때문에 소홀히 할 수 없는 것으로 인식되어 왔다. 특히 화장품의 종류가 세분화되고 다양해지면서 소비자들이 자신의 피부 특성에 맞는 제품을 손쉽게 선택하도록 도와주는 기능을 용기가 해 주고 있다.

■ 다양한 화장품 용기

화장품 용기의 소재를 살펴보면, 스킨, 로션과 같은 기초화장품의 경우에는 일반적으로 플라스틱과 유리가 주원료로 쓰이고 있으며 그 외 화장품에는 플라스틱, 유리, 라미네이트 튜브, 세라믹 등 여러 가지 소재가 적용되고 있다.

화장품 용기는 곡면, 원통형이 많다보니 평면, 곡면, 요철면, 원통, 반원형 등 어떤 형태나 규격에도 거의 제한을 받지 않는 스크린 인쇄 기법이 적절하다. 또한 다양한 잉크를 사용할 수 있어서 초광택, 무광, 유리용, 자기성, 도전성, 액정 등 다양한 잉크를 선택해 사용할 수 있어 다른 인쇄방식으로는 표현이 불가능한 특수효과를 낼 수 있다. 유리의 경우 세라믹 안료와 스퀴지 오일을 배합하여 잉크를 만들며, 플라스틱은 UV잉크, 코팅된 유리병은 페인팅 잉크를 주로 사용하고 있다.

인쇄한 화장품 용기의 인쇄물은 자연상태에서 쉽게 변색되지 않아 보존성이 높다고 한다.

화장품용기

■ 화장품 용기의 제작

화장품의 용기는 인쇄물을 열처리 할 때의 온도에 따라 인쇄의 선명도가 달라지기 때문에 각 원료에 맞는 건조가 중요하다. 유리의 경우에는 세라믹 안료와 스퀴지 오일을 배합한 잉크를 자동식, 수동식 시스템에 따라 스퀴지로 가압하여 인쇄물을 인쇄한 후 600℃의 온도에서 2시간 동안 열처리를 하며, 페인팅 인쇄물은 180℃~200℃의 온도에서 30분 정도 열처리하는 것이 적당하다.

인쇄과정은 불산유리가루로 부식액 배합을 한 후에 공병이 부식과정에 들어간다. 부식과정이란 병에 색을 입히기 전 단계로 색을 잘 흡수되도록 하기 위한 과정이다.

부식된 병은 건조를 한 후 검사과정을 거쳐 안료 도료 신나에 투입되고 전처리 과정에 들어간다. 그 후 병에 색을 입히는 도장을 거쳐 열처리를 하고 나면 적재된다.

부식과 도장을 거친 병들은 소재에 따라 각각 다른 잉크와 수동식, 자동식 인쇄기로 스크린 인쇄를 한 후 열처리 과정에 들어가게 된다. 이때 용기의 소재에 따라서 온도와 시간이 달라진다. 열처리 과정을 거친 다음 병은 장식 조립 후 완성품이 된다. 플라스틱 제품은 원료 배합을 통해 M/C 세팅 및 성형이 되면 빠른 시간 안에 대량의 물품이 생성되며, UV인쇄기에 자동으로 인쇄된다.

(6) 튜브용기 인쇄

■ 튜브의 종류와 특징

튜브 용기에 들어가 있는 것은 대부분 점도가 높은 크림이나 젤로 되어 있다. 이 내용물을 짜서 밖으로 내는 것이 튜브의 가장 큰 특징이다. 안에 들어가 있는 크림과 젤을 캡을 열고 누르는 것만으로 간단하게 필요한 만큼의 양을 사용할 수 있다. 튜브는 주입한 내용물과 목적에 따라서 다양한 재료가 사용되고 있다.

튜브에는 금속 튜브, 플라스틱 튜브, 라미네이트 튜브로 구별된다. 그 중에서도 금속 튜브가 튜브 중에서 역사적으로 가장 오래되었다. 1841년에 처음으로 납 튜브가 고안되었고, 1858년에는 유럽에서 그림 물감의 용기로서 주석 튜브가 만들어졌다. 1870년에는 미국에서 치약, 면도크림, 접착제 등의 용기로서 납, 주석 튜브가 양산되었다. 오늘날 금속 튜브 중에서 가장 많이 사용되고 있는 알루미늄 튜브는 1913년에 스위스에서 처음 만들어지고 이것이 실패를 거듭한 끝에 1937년에 와서 스위스 알루미늄사에 의하여 실용화되었으며 일반화되었다.

▶ 알루미늄(금속) 튜브

의약품, 약용치약, 접착제 등 장기간 보존이 필요한 것으로 내용물의 성분이 변해서는 안 되는 제품에 사용되고 있다.

알루미늄 튜브는 튜브 전체가 알루미늄으로 만들어져 있다. 따라서 한 번 눌러진 곳이 원상태로 돌아오지 않고, 밖으로부터 공기가 들어가는 경우도 없다. 역으로 내용물에 포함되어 있는 휘발성의 성분도 달아나지 않는다.

플라스틱 튜브가 등장하기까지는 거의 이러한 알루미늄 튜브가 주류였다. 튜브의 내면에는 내용물을 보호하는 도료를 도포한다. 표면에는 인쇄의 밑면이 되는 도료를 코팅한다.

튜브 표면의 인쇄는 곡면인쇄기라고 불려지는 튜브와 컵 전용 인쇄기를 사용한다. 방식으로서는 판으로는 수지 볼록판을 사용하는 '드라이오프셋 인쇄*'로, 일단 블랭킷에 전색 잉크를 전사해 놓은 상태에서 한번에 튜브 표면에 인쇄한다.

복합 튜브와 플라스틱 튜브

***드라이오프셋(Dry Offset) 인쇄 :** 통상적인 오프셋 인쇄는 물과 잉크의 반발 작용에 의하여 화선부를 표현하지만, 드라이 오프셋(무수평판) 방식에서는 물 대신에 잉크를 반발하는 성질이 높은 실리콘 고무의 막을 필름에 붙여 판을 만들고 인쇄한다.
광을 쬐면, 판의 감광층 부분에 실리콘 고무가 달라붙고, 브러시로 문지르면 그 부분만에 실리콘 고무막이 남아 비화선부가 되며, 판이 만들어진다.
물을 사용하지 않기 때문에 가늠맞춤의 정도가 높다고 하는 특성을 살려 튜브 인쇄 외에, 지폐와 유가증권 등의 특수 인쇄에도 이용되고 있다.

▶ 플라스틱 튜브

1950년대에 플라스틱 튜브가 개발되었는데, 플라스틱을 원료로 한 튜브의 특징으로는 탄력성과 원형 복원성에 있으며, 금속 튜브와 같이 찢어지는 성질은 가지지 않는다. 플라스틱은 내열성이 낮기 때문에 건조는 열에 의한 변형을 방지하기 위하여 알루미늄 튜브보다도 저온에서 건조시킨다. 그리고 사용하는 수지는 간단히 착색할 수 있기 때문에 용기의 시작과 마무리부분까지 균일한 색을 착색할 수 있다. 더욱이, 몇 종류의 수지를 중첩하여 만드는 다층 튜브에서는 금속에 가까운 밀봉성도 얻어진다.

플라스틱 튜브의 용도로서는 사무용품, 그림도구, 좌약, 마요네즈, 화장품 등이 있다.

플라스틱 튜브의 인쇄에는 금속 튜브처럼 곡면인쇄기가 이용된다. 그리고 금 · 은 박과 표면의 보호, 광택을 내기 위한 오버코팅(Over Coating)도 이루어지고 있다.

▶ 복합 튜브

복합 튜브의 용도에는 치약, 크림화장품, 약용 크림, 접착제 등 여러 가지 종류가 있다. 복합 튜브는 플라스틱 튜브와 유사하게 주원료가 수지 재료로서 거기에 밀폐성이 양호한 알루미늄 박과 두꺼운 느낌의 종이 등도 사용되고 있다. 소재 선택의 폭이 넓기 때문에 공기의 차단성을 높이거나, 탄력성을 조절할 수도 있다.

그리고, 복합 튜브 중에서도 라미네이트 방식으로 만들어지는 튜브는 시트 형태의 라미네이트 필름을 튜브 형태로

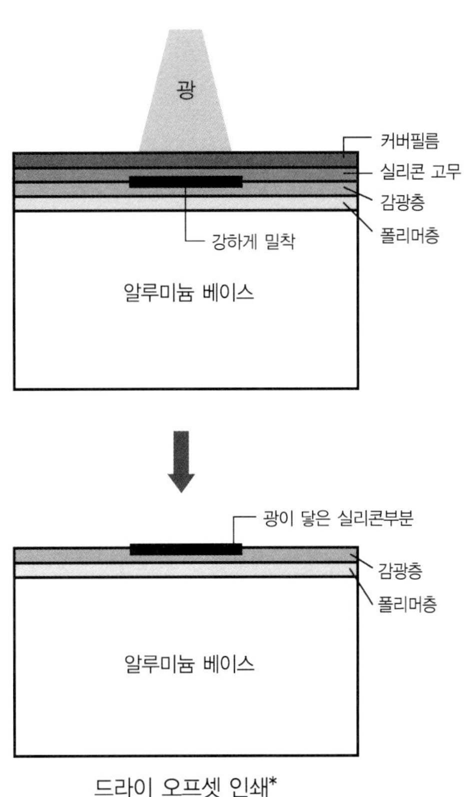

드라이 오프셋 인쇄*

만들기 때문에 튜브로 가공되기 전에 비교적 정밀한 인쇄가 가능하다. 그러나, 어떠한 것이든 둥근 모양으로 되기 때문에 제품 디자인시에 적지 않은 제약이 있다.

■ 라미네이트 튜브의 인쇄

라미네이트 튜브를 인쇄할 때는 시트가 평평한 상태이기 때문에, 다양한 방법이 가능하지만 통상적으로는 볼록 인쇄 방식인 그라비어 인쇄방식이 사용되고 있다. 볼록판 인쇄방식의 경우에는 라미네이트 가공이 끝나고, 일정 폭으로 감겨진 상태에서 인쇄가 되며, 동시에 표면 보호막이 되는 니스 또한 그 위에 도포된다.

그라비어 인쇄방식의 경우에는 라미네이트 가공을 하기 전인 시트의 상태에서 인쇄한다. 그 다음 공정에서는 인쇄 잉크층 위에 폴리에틸렌의 층을 도포하게 되는데, 이 방식은 중첩되는 부분의 열융착에 문제가 없으며, 잉크층도 보호된다.

어떠한 방식도 1색씩 인쇄한 뒤, 건조되기 때문에 망점을 사용한 정밀한 화상표현이 가능하다. 이것은 다른 튜브 성형방법과 비교하면 디자인적으로 매우 유리하다고 할 수 있다.

(7) 음료캔 인쇄

■ 전사, 라미네이트법의 증가

캔의 재료인 철, 알루미늄, 스테인레스 등의 금속에는 어떻게 인쇄를 하는 것일까? 금속 인쇄의 경우에는 평판(오프셋)인쇄가 주체이다. 또한 제관방식에 의하여 피인쇄체의 형상이 결정되고, 그 형상에 따라 인쇄방식이 결정된다.

피인쇄체		인쇄방식	주요제품
형상	주재료		
코일	아연도금 철판	그라비어오프셋	건축재료(내장, 외장 등) 기타(전기제품, 가구 등)
시트	도금, TFS, 알루미늄, 블랙플레이트	평판오프셋 드라이오프셋 그라비어오프셋 스크린	통조림 용기, 과자, 약품, 화장품, 기름, 도료 등의 용기, 건전지, 왕관, 캡, 완구, 네임플레이트, 디스플레이 기타(가정 전기제품, 가구, 잡화 등)
포일	알루미늄	그라비어	연포장 포일용기
성형품	알루미늄 임팩트 캔, 알루미늄, 주석 DI캔 튜브	드라이오프셋 스크린 열전사	화장품 음료용기 치약, 약품, 식품 등의 용기

피인쇄체에 따른 인쇄방법

캔에는 투피스 (Two Piece) 캔과 쓰리피스 (Three piece) 캔이 있다. Two Piece 캔에서는 캔의 형상으로 성형을 한 후에 곡면인쇄를 한다. 한편, Three Piece 캔에서는 평평한 상태의 금속판에 인쇄한 후에 프레스 가공하여 캔의 형상으로 만든다.

인쇄방식은 오프셋 방식이 많지만, 전사에 의한 방법과 인쇄한 필름을 금속판에 붙이는 라미네이트법의 사용도 증가하고 있다.

Two-Piece 캔

Three-Piece 캔

■ Three-Piece 캔 만드는 법

여기에서는 Threee-Piece 캔을 설명하고자 한다. 우선, 금속에 전처리를 행하는데, 이때 인쇄하는 내용에 따라서 백색 등의 색을 먼저 인쇄하는 경우도 있다. 인쇄판은 평판의 경우 디아조 타입의 PS판이 주류이다. 금속인쇄에서는 사용 목적에 따라 내식성이나 가공성을 부여하기도 하고, 인쇄의 밑바탕을 만들기 위한 도장작업이 인쇄의 전(前)공정과 가공 공정에서 행해진다. 피인쇄체가 금속이므로 도장 · 인쇄공정에서도 피인쇄면의 도료 · 잉크가 건조되지 않기 때문에 오븐에 의한 가열건조가 필요하다.(캔의 내측에는 인쇄하지 않는 경우가 많지만, 같은 방식으로 처리를 한다고 보면 된다). 캔의 외측이 되는 부분에 인쇄를 하고, 니스로 코팅한 후에 열처리, 건조를 하며, 그 후 인쇄된 금속판으로부터 각각의 부분이 성형되고 완제품을 조립

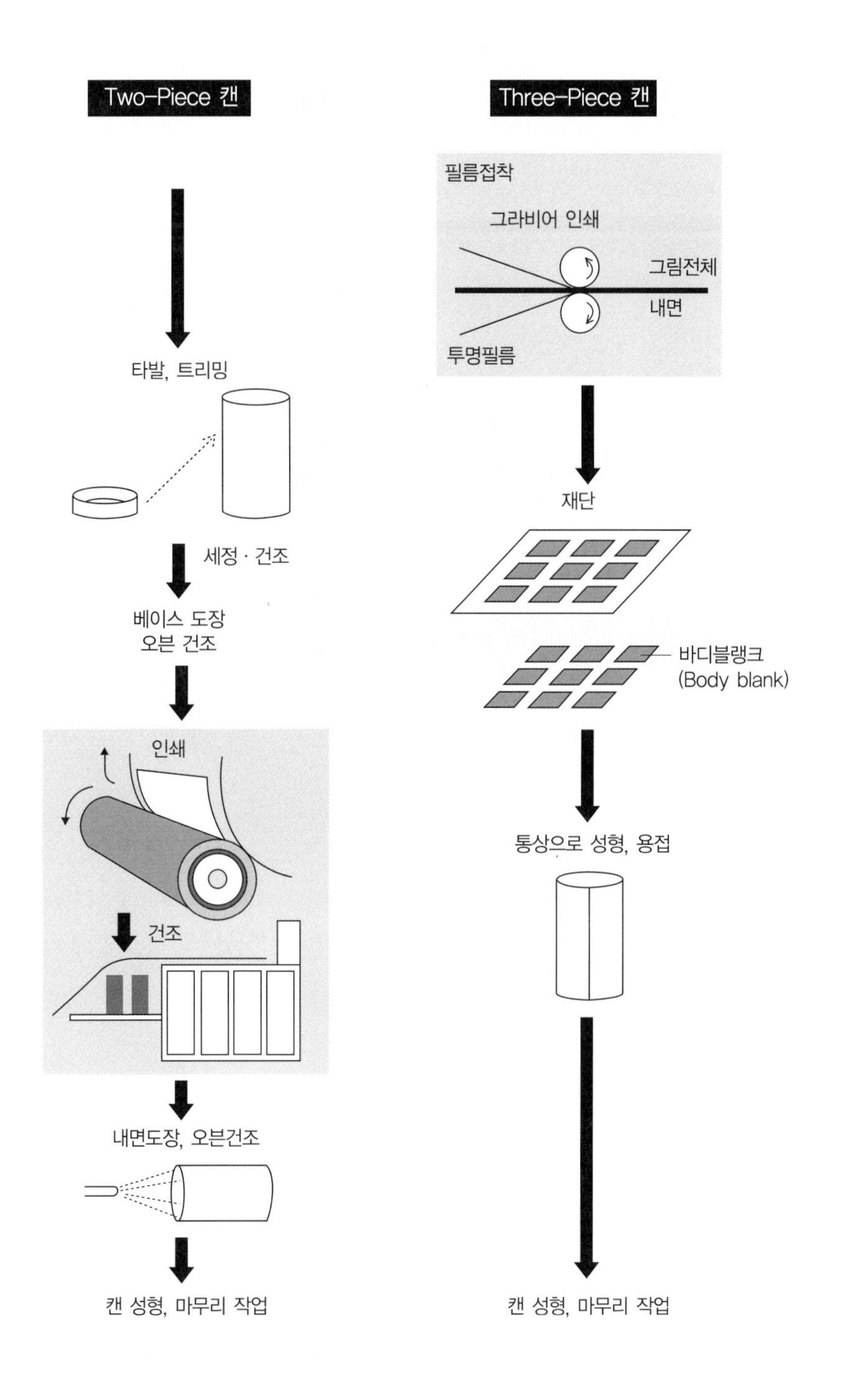
Two-Piece 캔
Three-Piece 캔
필름접착
그라비어 인쇄
그림전체
내면
투명필름
타발, 트리밍
재단
세정 · 건조
베이스 도장
오븐 건조
바디블랭크
(Body blank)
인쇄
건조
통상으로 성형, 용접
내면도장, 오븐건조
캔 성형, 마무리 작업
캔 성형, 마무리 작업

음료캔의 인쇄 · 제작방법

한다. 음료캔 이외의 금속, 예를 들어 건축자재와 같은 대형 사이즈의 제품을 대량생산하는 경우에는 코일상의 아연철판에 그라비어 또는 오프셋 방식으로 나무결 또는 그림 등을 인쇄한다.

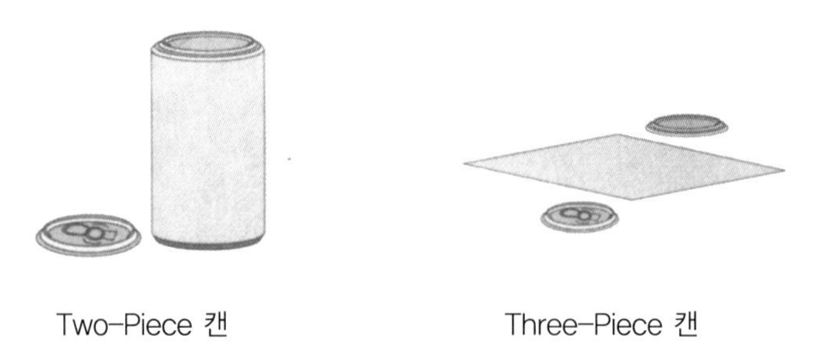

Two-Piece 캔
맥주 등 탄산을 포함하는 음료에 이용된다.

Three-Piece 캔
쥬스와 커피 등 탄산을 포함하지 않는 상품에 이용된다.

■ Distortion 인쇄

Distortion 인쇄라 함은 주로 DRD(Draw & Redraw)캔과 같은 금속평판의 심교성형용기에 대한 장식법의 하나로, 심교성형 전 평판 위에 가공 작업으로 변형될 것을 고려해서 둥근 상태로 휘어지는 화상을 미리 인쇄해 두어, 심교성형에 의하여 용기 측면에 화상을 재현시키는 인쇄방법이다. 둥글게 구부러진 화상을 인쇄하기 때문에 Distortion이라 이름이 붙여졌다. 최근에 볼 수 있는 참치캔을 예로 들어 생각하면 이해가 쉬울 것이다. 인쇄품질을 결정하는 요인으로서는 인쇄공정보다는 원고화상의 형상변형 방법이나 가공기계의 정밀도, 피인쇄체인 금속의 재료안정성 등이 큰 영향을 미친다. 이 인쇄의 특징으로 첫째, 용기의 윗면부분과 측면부를 평판 상태에서 동시 인쇄가 가능하기 때문에 성형후의 곡면인쇄기나 건조용 오븐 등의 설비를 생략할 수 있다. 둘째, 평판상태에서 오프셋 인쇄 등이 가능하기 때문에 곡면인쇄기에서는 색 재현이 어려운 4색 망점 인쇄가 가능하다. 셋째, 용기 윗면부분부터 측면부에 걸쳐 화선부의 연속인쇄가 되기 때문에 특징 있는 인쇄 디자인의 재현이 가능하다.

Distortion 인쇄

(8) 병마개 인쇄

■ 병마개의 역사

병마개의 개발자는 윌리엄 페인터(William Painter, 1822~ 1906)이다. 맥주의 김이 쉽게 빠지는 것을 불평하던 아내의 권유를 계기로 병마개 개발을 시작했다는 윌리엄 페인터는 마침내 기존 병마개의 단점을 완벽하게 보완하는 크라운캡(Crown Cap)을 발명해 낸다. 이것이 바로 지금도 우리가 흔히 볼 수 있는 탄산음료나 맥주병에 적용하는 병마개이다.
1892년 지구상에 최초로 등장한 크라운 캡은 병마개의 모양이 마치 왕관처럼 생겼다고 해서 발명자인 윌리엄 페인터가 크라운이라는 이름을 붙인 것이 오늘날까지 이어지고 있다. 윌리엄 페인터는 병 입구에 홈을 판 다음 금속 마개로 씌워 프레스 기계로 꽉 눌러 밀봉한다는 아이디어를 떠올려 병마개를 개발했으며 당시 그는 크라운코르크(Crown Cork)라는 이름으로 특허를 취득했다.

■ 병마개의 특징

크라운캡은 주석도금강판 및 크롬산처리 강판을 사용하기 때문에 습기나 수분과 접촉하면 산화가 된다는 것이 최대의 단점. 이는 주스 병이나 잼 병 등에 사용하는 화이트캡의 경우도 마찬가지이다. 따라서 강판을 사용하는 제품은 운반 및 보관 등 특히 습기에 주의해서 다뤄야 한다. 그러나 이러한 단점을 완벽하게 해소하고 있는 것이 소주나 피로회복제 등에 자주 쓰이는 얇은 알루미늄 소재를 돌려 개봉하는 ROPP(Roll On Pilfer Proof) 캡이다. 이 알루미늄 소재는 크라운 캡과 달리 녹이 생길 우려가 없다는 장점을 살려 활발하게 사용되고 있다.

초창기의 크라운캡은 지금과 같이 현란한 인쇄가 적용되지 않은 상태로 단순히 금속에 니스 칠을 했는데, 대신 몇 곳의 크라운캡 제조사가 자사의 병마개를 식별하기 위해 스커트(Skirt : 병구를 압박하여 밀봉역할을 하는 주름) 수를 20~22개 등으로 만들기도 했다고 전해진다. 이후로는 21개로 표준화되었는데, 이 스커트의 수가 밀봉력 등을 고려했을 때 과학적으로 가장 적당한 수치라고 알려졌기 때문이다. 지금도 콜라 등 음료 병의 크라운 캡을 보면 스커트 수가 21개라는 것을 확인할 수 있다.

크라운 캡 이후 기존의 오프너를 이용해야 하는 불편함을 없애고 병의 내용물에 대한 위조를 방지하는 차원에서 알루미늄을 원료로 한 P.P 마개가 선보였다. 1936년 영국의 한 회사에서 발명한 이 마개는 당시 시장에서 큰 반향을 일으켰다.

그 이후로도 병마개는 다양하게 개발되어 석판, 크롬 도금강판과 알루미늄 등의 원재료와 코르크디스크, 프라스틱졸, 폴리에틸렌수지 등을 라이너 재료로 한 다양한 종류의 병마개와 비금속을 원재료로 하여 사용하기 편리하고 위생성이 뛰어난 플라스틱캡이 개발되고 있다.

■ 병마개의 제조

병마개의 재료에 따라 제작공정이 각각 달라지는데 일반적으로 많이 생산하고 있는 ROPP 캡의 경우를 보면 제판, 도장 및 인쇄, 프레스, 라이닝 등의 순서로 이루어진다. 제판 과정에서 특히 기술을 요하는 부분은 알루미늄 소재의 ROPP 캡의 병목 측면에 인쇄하는 경우인데, 이 부위에는 병목의 홈 때문에 성형 후에 굴곡이 생기는데 일반 평면도에서처럼 도안을 그려서는 완제품시에 도안대로 글자나 문양이 나오지 않는다. 따라서 제판과정에서 완제품에 대한 정확한 수치 계산을 한 후에 변형 도안을 디자인하는 것이 필요하다.

그리고, 디자인이 보다 매끄럽게 인쇄되도록 하기 위해 소재의 내 · 외면에 도장 처리를 한다. 이때는 병에 담길 내용물의 살균 조건이나 필링, 내용물 온도, 산도 등의 다양한 조건에 따라서 내면의 도료 사양이 달라진다. 도장을 한 후에 인쇄 과정을 거치는데, 평면에 인쇄 후에 프레스를 통해 뚜껑 모양으로 형태를 만들고 롤링 공정을 통해 병목의 홈에 맞도록 굴곡이 있는 성형을 한다.

병마개를 오른쪽으로 비틀면서 뚜껑을 열 경우, 뚜껑과 분리되는 아랫부분을 스커트링이라고 부르는데 이전에는 이 스커트링이 개전할 경우 따로 떨어져나갔으나 최근에는 환경법 등에 의해 분리수거의 편리함을 돕기 위해 개전될 때, 뚜껑에 붙여서 떨어지게 되어 있다.

그리고, 병마개 내면에는 라이너 처리를 하는데 주로 PE, PVC 소재를 하고 있으며 병에 담는 내용물에 따라서 이 라이너 성분도 달라진다. 라이너 처리는 개전을 용이하게 하고 내용물을 보호하는 등의 역할을 돕는다.

다양한 병마개

(9) 도자기 인쇄

■ 광물성 안료의 잉크로 인쇄

도자기는 우리의 생활과 떨어질 수 없는 생필품 중 하나이다. 도자기 판매점에 가보면 전통적인 문양에서부터 유명 화가의 작품을 옮겨 디자인화한 것, 추상적인 표현, 어느 책에서 옮겨온 글귀를 디자인한 것 등 소비자의 다양한 욕구에 부응해 다양한 패턴의 제품들이 진열되어 있다.

도자기 인쇄는 '전사 인쇄' 라고도 하는데, 백지 도자기 위에 문양을 옮기는 것을 전사(傳寫)라고 하며 전사에는 박리제(剝離劑) 처리를 한 종이인 전사지를 이용한다.

'전사지' 란 하나의 문양을 그대로 복제하여 대량으로 생산할 수 있는 종이이다. 전사지의 인쇄는 판 형식에 따라 요판 인쇄, 철판 인쇄, 평판 인쇄 및 공판 인쇄로 나뉜다. 현재 도자기 화공의 주류인 워터 슬라이드 전사지의 제조방법으로 평판(오프셋) 인쇄와 공판(스크린) 인쇄를 이용한다.

전사지는 수용성의 풀이 도포된 흡수성이 매우 좋은 대지 위에 앞서 설명한 인쇄방법을 사용해 용도에 적합한 광물성 안료로 인쇄가 된 종이로서 수용성 풀이 물과 반응하면 녹아서 종이와 안료층이 분리될 수 있도록 미끄러운 얇은 막을 형성한다. 안료층 위에는 비닐코팅 처리가 되어 있어서 인쇄된 안료의 분산을 막아준다.
전사 방법은 색상 수만큼의 매트(Mat) 필름 및 실크스크린을 제작한다. 그 전에 먼저 할 일은 디자인. 현재는 컴퓨터가 디자인 영역을 해결해 주기 때문에 도안작업에서부터 색분해까지 컴퓨터로 처리한다. 그러나 만약 수작업을 해야 한다면 문양을 도안하고 채색해 원본을 완성한 다음, 원본 위에 매트 필름을 올려놓고 색분해한다. 색분해 방법은 매트 필름 위에 원본의 외곽선을 그려넣은 다음 OPQ(Opaque) 물감이나 잉크 등으로 명암을 표시하는데, 이때 색상별로 각기 다른 매트 위에 외곽선을 그리고 명암을 표시한다.
OPQ 물감은 자외선을 차단하기 위한 것으로 잉크 및 제도용 로트링펜 등으로도 대체할 수 있으나 OPQ 물감에 비해 완전하게 자외선을 차단하지 못하는 단점이 있다. 매트 필름이 제작되면 사진지 위에 올려놓고 촬영을 하고 촬영된 필름을 암실에서 현상하여 필름을 완성한다. 실크스크린판을 만들어서 그 위에 감광유제(자외선에 노출되면 응고하는 성질이 있는 유제, 실크스크린 위에 도포하여 노광시 사용됨)를 바른 다음 건조한다.
노광기 위에 필름과 감광유제를 바른 실크스크린 판을 올려놓고 자외선을 비춘다. 노광 처리를 할 경우 실크스크린에 OPQ 물감을 칠한 부위는 빛이 통과하지 않으며 물로 세척 후에는 안료가 통과할 수 있도록 음각된다.
필름의 현상시 촬영된 필름을 현상액에 넣고 문양이 나타나면, 다시 정착액(하이포)에 담근 후 씻어낸다. 이때 필름을 보다 오래 보존하려면 충분히 씻어야 한다.
실크스크린과 대지의 핀트점을 맞춘 후, 안료를 실크스크린에 통과시켜 대지 위에 인쇄한다. 인쇄를 마치면 투명코팅액(OPL)으로 코팅처리하여 전사지를 건조시키고 미지근한 물에 담그면 전사필름이 분리된다.

■ 소성을 하고 나면 잉크만 남는다

그 그림을 유약을 칠한 도자기에 전사한다. 박리한 그림을 붙이는 것은 일반적으로 수작업으로 행한다. 수지가 신축성에 뛰어나기 때문에 표면의 요철면에도 틈이 없이 붙일 수가 있다.

전사가 끝난 도자기는 건조된 후에 가마로 굽는다. 이 공정을 '소성(燒成)'이라고 한다. 일반 머그잔의 경우 800℃에서 1~2시간 구워낸다. 고온에서 굽기 때문에 처음 전사지 인쇄의 색상과 차이가 날 수 있다.

소성을 하면, 잉크가 도자기에 융착하고, 전사지의 표면에 인쇄한 수지는 타버리고 잉크만이 남는다.

그리고, 직접 인쇄하는 경우에는 에폭시 등의 반응 타입 잉크를 사용하고, 곡면 인쇄로 직접 도자기에 인쇄하여 유약을 바르고 나서 굽는 경우도 있다.

도자기 외에도 다양한 용도에 쓸 수 있는 전사 인쇄는 천, 플라스틱, 금속, 유리, 법랑, 건축재료 등의 표면에 장식할 때에도 두루 사용하고 있다.

전사 시트에 의한 도자기 인쇄

(10) 유리 인쇄

■ 다양한 방법으로 유리에 인쇄

유리 인쇄는 유리면에 직접 스크린 인쇄를 하는 방식과 볼록판에 오프셋으로 인쇄하는 방식이 있다.
유리용 잉크는 저온에서 녹는 프릿(Frit)이라는 유리의 가루와 착색료인 금속산화물이나 황화물(黃化物) 등의 무기화합물을 혼합해서 만들어진다. 이 잉크속에 함유된 유기물은 550~ 600℃ 정도의 고온에서 열처리했을 때, 탄화(炭化)없이 기화(氣化)되어야 한다. 이외에도 합성수지 잉크를 써서 화학적으로 경화시키는 간단한 방법도 있다.
잉크는 유기질 안료와 니스로 되어 있고 속건성이며 피막의 고착성이 좋다. 인쇄된 것은 열처리 후 냉각되어 잉크 속에 기름기가 없어지고 안료가 유리 표면에 굳어 버린다.
이 잉크는 유리재질로 된 기물표면에 장식할 수 있는 재료로서, 판유리를 이용한 건축유리, 가전유리, 자동차 안전유리 그리고 각종 식기류와 음료 용기 등에 스크린 인쇄, 전사지, 스프레이 등 다양한 방법으로 응용할 수 있다.

유리 인쇄에 사용되는 스크린 인쇄기에는 평면 또는 곡면의 피인쇄체에 적합한 인쇄기계가 있으며, 이때에는 스테인리스강 스틸 스크린을 사용한다.

스크린 인쇄를 이용한 유리 인쇄의 제판 방법은 일반적으로 나일론 300~400 메시를 사용하여 정밀한 인쇄를 한다. 스테인리스 망사는 핫-컬러(Hot-Color) 인쇄에 매우 우수하며, 단일 양산에 적합하고 일반적으로 150~200 메시를 많이 사용하고 있다. 유리 인쇄의 경우 잉크 층이 두꺼운 것이 좋으므로 두꺼운 실로 직조된 망사를 사용하거나 유제의 도포시 유제층의 두께를 두껍게 하는 것이 좋다.

유리 인쇄용 잉크인 글라스컬러(Glass Color)는 착색제와 낮은 온도에서 녹는 글라스의 미세분말인 플러스를 혼합한 것으로 스퀴지 오일을 혼합하여 페이스트 상태로 만들어 사용한다.

유리 인쇄는 일반적으로 솔라머신 개량형의 반자동 인쇄기와 전자동 인쇄기로 다색 중복인쇄용으로 광전관을 이용한 자동정지 장치부착 전자동기 등이 있어 단일품을 대량 생산하는데 적합하다.

반자동 인쇄기는 능률면에서 전자동 인쇄기에는 미치지 못하나 판의 교환이나 어태치먼트의 교환이 간단하고, 그 정밀도도 전자동 인쇄기에 비해 우수하여 보편적으로 사용되고 있다.

스퀴지는 일반적으로 연질을 사용하며, 인쇄하기 전에 유리표면을 깨끗하게 세척하여, 건조후 내산성, 내알카리성의 잉크로 인쇄한다. 작업시에는 반드시 고무장갑을 착용하는 것이 좋고, 냄새가 있어 마스크를 착용하는 것이 좋다.

유리에 인쇄한 후에 잘못 인쇄된 것을 발견했을 경우에는 불화수소산 55%를 물에 3~6%로 희석하여 침적시켜 잉크를 제거한 후 연마제를 천에 묻히고 문질러서 광택을 낸 다음 인쇄를 다시 하면 된다.

■ 샌드블래스트(Sand Blast)

유리의 장식은 이외에도 유리 표면에 마스킹을 실시하고, '금강사' 라고 불리는 작은 알맹이를 압축공기로 유리 표면에 분사하여 표면에 조각을 하는 '샌드블래스트' 라는 방법도 있다. 이때 그림은 희미한 안개와 같은 모양이 되기 때문에 색을 칠할 때는 붓으로 칠하게 된다. 그리고 그 위에 투명의 코팅제를 압축 공기로 분사한다.

그리고, 판유리의 장식은 산 성분으로 부식시키거나, 필름에 그라비어 인쇄한 것을 붙이는 방법도 있다.

샌드블래스트로 만든 스탠드라이트

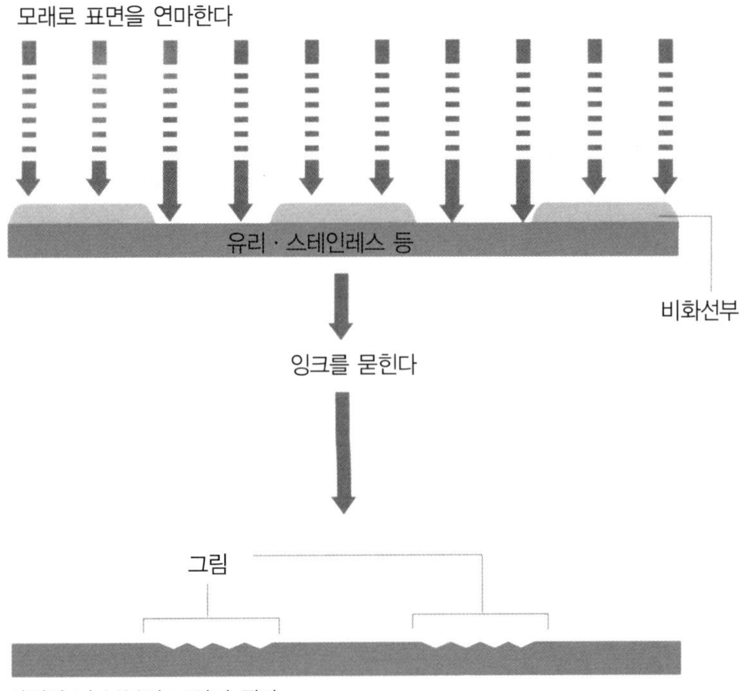

샌드블래스트에 의한 유리의 인쇄

(11) 건축자재 인쇄

■ 프린트 합판(화장판)은 전지로 인쇄

건축자재 인쇄는 자재의 표면 미장(美裝)과 보호를 위한 인쇄로서 제품은 천장, 벽, 마룻바닥, 가구, 가전제품, 주방 기구 등의 내장 및 외장 재료로 사용된다.

건축자재 인쇄는 목재에 직접 인쇄하는 것이 아니라, 종이와 염화비닐 등의 플라스틱 필름에 나무결 등을 접착하거나 전사한다.

오늘날 건축자재 인쇄가 차지하는 범위는 매우 넓어지고 있는데, 그것은 미장지(美裝紙)를 다양하게 가공하여 기본 재료와 접합(Lamination)하여 표면 장식, 형태, 재질의 아름다움, 표면의 물성과 기능성 등을 만족시키는 미장판(板)이 나왔기 때문이다.

또한, 생활의 발달과 다양화로 서양식을 많이 도입하고 있으며, 이에 따라 나뭇결 이외에 추상 무늬도 증가하여 다채로운 무늬가 개발되어 개인의 기호에 따라 사용되고 있다. 이와 같이 미장지는 인쇄 기술의 고도한 발전에 따라 불에 타기 어려운 아스베스토(석면)지, 유리 섬유지, 펄프 속에 수지를 혼합한 TS 시트 등이 개발되어 이용 범위도 크게 확대되어 왔다.

건축자재 인쇄의 특징으로는 인쇄 판형이 매우 크다는 것인데, 약 2~3m의 인쇄물이 된다. 그리고 그림의 이음매가 보이지 않도록 하는 것도 매우 중요하다. 인쇄에 사용하기 위한 원고로 천연목재를 대형 카메라로 촬영하는 경우도 있다. 그럴 경우에는 촬영에 사용하는 필름 또한 1m 이상의 대형필름을 사용한다.

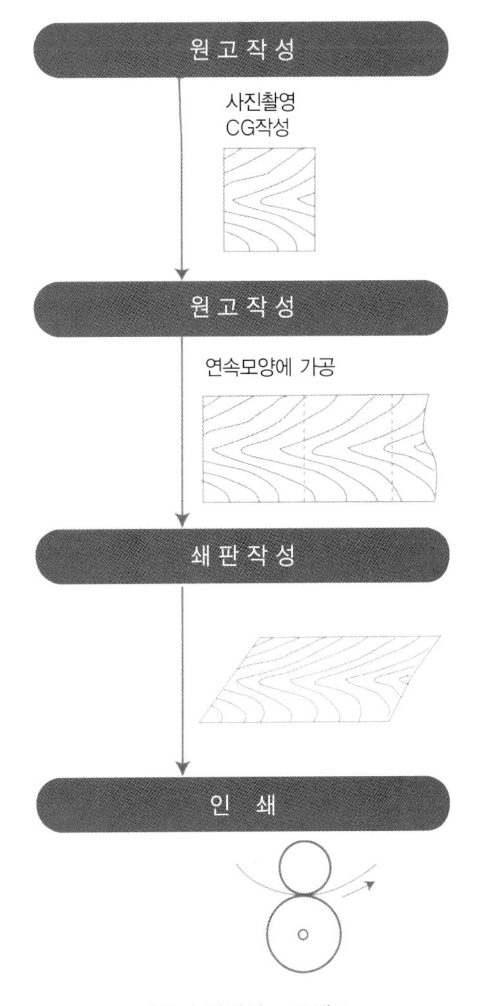

나무결 인쇄의 프로세스

■ 그라비어로 연속 인쇄

건축재료의 인쇄에는 그라비어 인쇄방식이 사용된다. 판은 원통형을 하고 있으며, 그 판의 표면에 이음매를 알 수 없도록 제판을 한다.

제판방법은 컨벤셔널 그라비어법, 망점 그라비어법, 전자조각 그라비어법이 있는데, 원고의 농담, 인쇄 소재 및 용도에 따라 가장 적합한 방법을 선택한다.

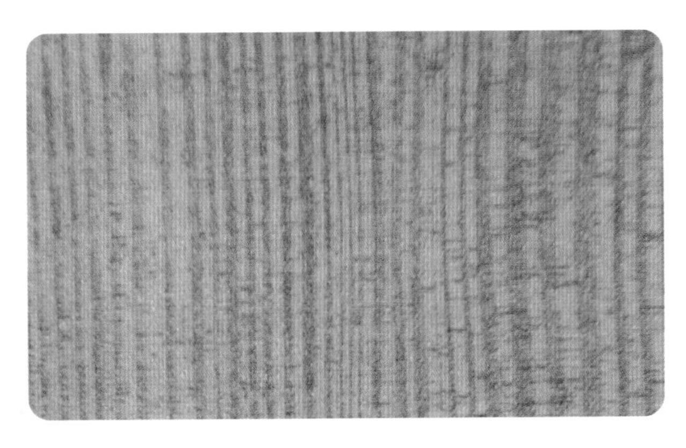
나무결 인쇄

그라비어 인쇄방식을 사용하는 것은 다양한 소재에 인쇄가 가능하다는 것과 엔드리스 제판이 쉬우며, 농담 계조의 재현이 좋기 때문이다. 그리고 같은 판을 계속해서 사용할 수 있기 때문에 판의 내구성이 뛰어나고, 판의 수정이 용이하다.

건축 재료의 표면에는 니스로 마무리하는 것이 일반적이지만, 불포화 폴리에스테르 수지로 요철을 만들거나 멜라민 수지를 침투시키거나 하기도 한다.

그리고, 발포 잉크를 포함한 발포제가 들어간 특수 잉크를 사용하여 나무결을 인쇄한 후에 열처리를 가하면 발포 잉크로 인쇄한 부분이 부풀어오르기 때문에 진짜 나무결처럼 보이게 하기도 한다.

(12) 직물 인쇄 (날염 인쇄)

■ 날염 인쇄

직물 인쇄(날염 인쇄)는 천에 무늬를 인쇄하는 염색 방법이다. 침염(浸染)이 무지 염색인데에 대하여 날염은 부분 염색에 의한 무늬 인쇄라 할 수 있다. 직물인쇄는 염료를 착색시키는 방법과 안료를 인쇄하는 방법이 있다. 다시 말해, 색을 염색하는 날과 색을 칠하는 것으로 나누어진다.
염료를 착색시킨 경우에는 흐르는 물에 수지를 씻기 때문에 수지가 섬유에 남지 않는다. 그러나 안료를 사용한 경우에는 수지가 천에 남아 있기 때문에 다소 뻣뻣함이 남아 있는 것이 특징이다.
인쇄방식은 크게 나누어 직접 인쇄방식과 전사 방식이 있다. 직접 인쇄방식을 사용한 예는 티셔츠 등을 들 수 있다. 스크린 염료 잉크로 직물에 직접 착색, 건조한 후 열처리를 행한다.
전사 방식에는 염료를 사용한 방식과 안료를 사용한 방식이 있다. 직접 그라비어 인쇄방식으로 인쇄하는 방법도 있지만, 잉크가 경질로 잘 으깨어지는 성질이 있어서 많이 사용되지는 않는다.

■ 잉크젯 프린터

최근에 들어서는 티셔츠 등의 천에 잉크젯 프린터를 사용하여 인쇄하는 방법도 있다. 이 경우에는 특별히 조제한 염료 잉크를 사용하여 컴퓨터 등으로 그림을 처리하고, 티셔츠와 타올에 프린트를 한다.
프린트한 직후에 응고제를 바르고, 다리미질을 5~10초 정도 하면 열로 용융한 잉크 성분이 섬유에 고착하게 되어 세탁을 하여도 잉크가 떨어져 나가지 않게 된다. 프린트 가능한 사이즈는 최대 54인치 정도까지 가능하다.

날염 인쇄

***별색 잉크 :** 일반 컬러 인쇄의 경우에는 CMYK(사이안, 마젠타, 옐로우, 블랙) 4색의 잉크를 사용한다. 그렇지만, 이 4색(프로세스 잉크)으로 이 세상에 존재하는 모든 색을 표현하기에는 한계가 있다. 그러면, 이 4색으로 표현할 수 없는 색을 어떻게 할까? 이런 경우를 대비하여 특별히 필요한 잉크를 만드는 방법이 있다. 이것을 '별색 잉크' 라고 한다.
별색 잉크는 기준이 되는 몇 종류의 잉크를 적당하게 섞어 우리가 표현하고자 하는 색을 만들어 내는데, 인쇄 회사에서는 이러한 별색 잉크의 색견본을 준비해두고 소비자의 요청에 응대하고 있다. 별색 잉크는 회사의 로고 등 인쇄물에 따라서 달라지며 곤란한 특정의 색에 대하여 사용하는 경우가 많다.
그리고 금색, 은색 등은 4색으로는 표현하기 힘들며, 오렌지 색 등 선명한 색도 CMYK의 프로세스 잉크로서는 표현할 수 없다. 다만, 컬러 사진 부분에 별색이 사용되는 것은 거의 없는데, 이것은 사진을 색분해하는 과정에서는 프로세스 컬러가 사용되기 때문이다.
따라서, 컬러 TV와 컬러 사진 등과 비교하면 인쇄물의 컬러 재현성은 상당히 떨어진다. 컬러 사진을 원판으로 컬러 인쇄물을 만드는 경우에는 엄밀히 말해 완전히 같게는 재현할 수 없다.
따라서, 컬러 사진으로부터 인쇄용으로 사진을 스캔하는 공정에서 원판의 컬러 사진과 가능한 근접하도록 작업에 임한다.

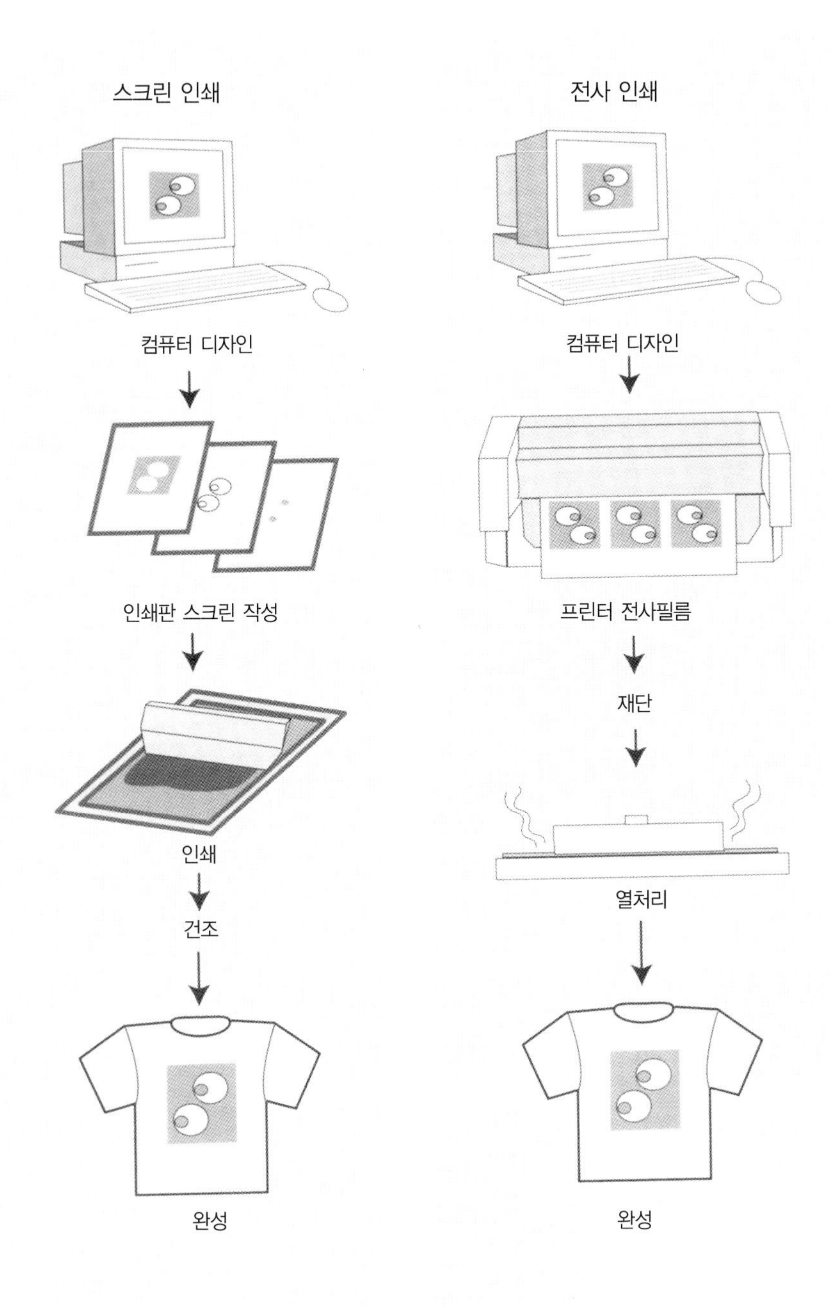

티셔츠 인쇄 방법

특수 효과 인쇄

(1) 포토에칭
(2) 융기 인쇄
(3) 스크린 아츠모리 인쇄
(4) 식모 인쇄
(5) 점자 인쇄

(1) 포토에칭

■ 에칭 기술이란

에칭은 금속판면을 산으로 부식시키는 것으로 오목판 기법 중에 한 가지인데, 일반적으로 동판화를 생각하면 된다. 화학 약품으로 코팅되어 있는 동판을 니들(바늘)로 화상부분에 모양을 그린다. 바늘로 깎여진 부분에는 금속면이 나타난다. 그 동판을 산으로 침전시키면 금속면이 녹고, 바늘로 깎여진 선의 부분에 오목한 부분이 생기게 된다. 산으로 부식하는 시간을 달리하는 것으로 선의 강약과 굵고 가늠을 조절할 수 있다.

이 동판에 잉크를 묻히면, 오목한 부분에 잉크가 고이게 되며 이것을 종이로 전사하게 되는데, 인쇄방식으로는 오목판 인쇄 방식과 같다. 이것에 사진제판기술을 접목한 것이 포토에칭이다.

우선, 금속 표면에 감광제를 코팅한다. 이 표면에 사진원판을 세팅하고 광에 노출을 시킨다. 이것을 현상하게 되면, 사진의 그림과 패턴이 금속면에 옮겨지게 되고, 그것을 약품처리 후에 감광 피막을 제거하게 되면 오목한 부분이 만들어지게 된다. 초정밀 가공품으로부터 일반 가공품에 이르기까지 광범위하게 사용되고 있다.

■ IC 가공에도 응용

포토에칭 기술은 IC(Integrated Circuit, 집적회로), LSI(Large Scale Integrated circuit, 고밀도 집적회로)용의 리드프레임(Lead frame)과 전자부품 등의 미세가공품 외에 동판과 스테인레스제 액서사리, 인테리어용의 소품 등으로도 이용된다.

공예품을 만드는 경우에는 금속판을 에칭으로 오목하게 하고, 그 부분에 도료를 넣고 표면을 연마하는 명판제작법이 있다.

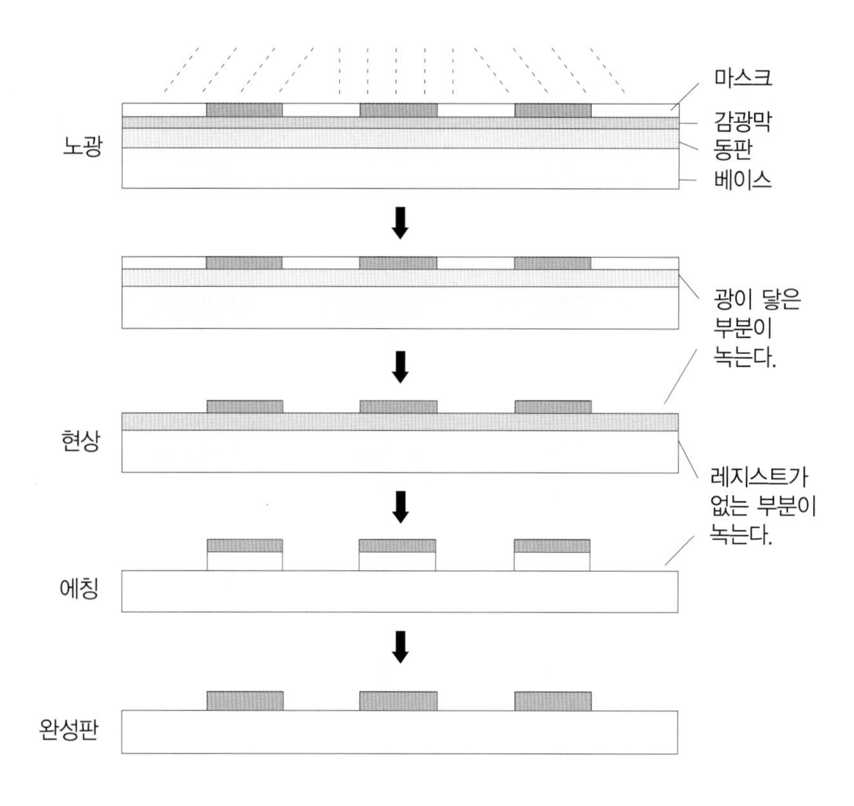

에칭 공정

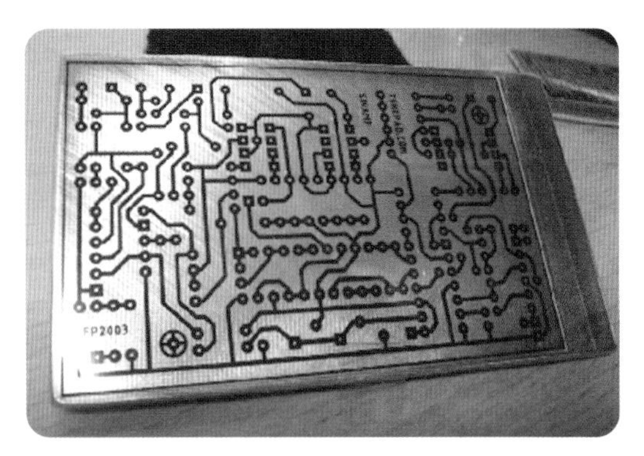

포토에칭 응용제품

***IC(집적회로) :** 집적 회로(Integrated Circuit)는 일반적으로 IC라고 한다. 이것은 작은 기판 위에 트랜지스터, 다이오드, 저항, 콘덴서 등의 부품에서 배선까지 일괄하여 제조한 것을 말하며, 회로 자체를 집약된 하나의 부품으로 볼 수 있다. 이것은 현재 모든 분야의 전자 장치에 사용되고 있는 중요한 전자회로 부품의 하나로 되어 있다.
집적회로에는 잉크로 인쇄, 소성을 되풀이하여 작성하는 후막 집적회로와 증착, 스패터(spatter)에 의한 레지스트 형성과 포토리소그래피에 의한 패턴 형성을 되풀이하여 작성하는 박막 집적 회로가 있다.
회로는 스크린 방식을 응용하여 레지스트 재료(Photo Resist) 등을 사용하여 회로의 패턴을 형성한다. 반도체 집적회로는 실리콘 기판 위에 마이크로리소그래피(Microlithography) 기술에 의해 회로를 만들고, 후막 집적회로는 세라믹 기판 위에 전기적 기능을 가진 잉크로 스크린 인쇄하여 회로를 만든다.

(2) 융기 인쇄

■ 미국의 바코 사가 개발

융기효과를 내는 인쇄기법인 융기 인쇄(隆起 印刷)는 미국의 바코라는 회사가 개발하였기 때문에 바코 인쇄라고도 불려진다.

융기 인쇄는 열에 의하여 팽창하는 파우더를 인쇄물에 흡착시켜 인쇄 후에 열처리를 행하면 파우더가 용해 · 팽창하여 인쇄부분이 부풀어 오르게 하는 기술이다.

융기에 사용하는 파우더에는 투명, 금, 은, 별색도 사용 가능하다. 밑의 그림과 컬러를 살리는 경우에는 투명 파우더를 사용하면 투명한 막이 부풀어 오르는 효과를 볼 수 있다. 금, 은, 컬러 파우더를 사용할 때에는 밑의 색은 없어도 상관없다. 잉크 전체가 부풀어 오르는 듯하게 보이는 것이 특징이다.

융기 인쇄의 인쇄방법은 오프셋 인쇄방식으로 인쇄를 한다. 밑그림을 인쇄한 후에 융기 처리가 필요한 부분에 별도의 판으로 인쇄한다. 그리고 인쇄한 잉크가 마르지 않는 사이에 수지 분말을 살포하고, 가열처리를 하면 융기 파우더가 부풀어 올라 깨끗한 표현을 할 수 있게 된다.

■ 독특한 명함을 만들다

융기 인쇄는 명함과 신년 카드 등으로 이용되고 있는 경우가 많다. 그중에서도 최근 명함에 융기 처리를 하는 경우가 많이 증가하였다. 그러나 융기 인쇄한 종이를 너무 많이 쌓게 되면 두께가 증가하는 이외에도 융기 인쇄한 부분이 마모되기 쉬운 약점이 있다. 일반 인쇄보다는 고급감을 가지고 있으며, 평면 인쇄와 차별화를 할 수 있다는 점에서 그 효과는 크다고 할 수 있을 것이다. 그리고 파우더에 축광 잉크를 섞으면 부풀어오른 부분이 광을 축적하여 어두운 부분에서 빛을 내게 하는 가공도 가능하다.

■ 발포 인쇄

같은 효과가 얻어지는 인쇄방법으로 발포 인쇄라는 방식이 있다. 발포 인쇄에서는 잉크 중에 발포제가 섞여져 있으며 이 잉크를 사용하여 인쇄를 하고, 가열에 의하여 잉크를 발포시켜 잉크를 약 0.15→0.2nm정도 돋아나게 하는 것이다. 이 인쇄의 본래 용도는 두꺼운 종이와 목재에 발포 인쇄를 하여 흡음(吸音), 미끄럼 방지, 충격 방지의 쿠션 등에 사용하였다. 융기 인쇄와 비교하여 광택은 다소 약하지만, 현장에서 많이 사용되고 있는 방법이다.

발포 잉크는 수용성 발포제에 염료 10%를 첨가하여 인쇄하는데, ① 60℃ 이하의 예비 건조 후 105~120℃로 1~2분 가열하는 것, ② 발포제를 혼입한 수지형 잉크로 인쇄하여 120~140℃의 건조로 속을 통과시키는 것, ③ PVA 캡슐에 봉입한 발포제를 포함한 잉크로 인쇄하여 110℃로 1분간 가열하는 것 등이 있다.

피인쇄체는 종이 이외에 유리와 금속면에도 인쇄된다. 또 캡슐 상태의 발포제를 비닐 시트를 성형할 때에 혼입하여 완성된 시트에 반대로 발포 억제제가 들어간 잉크를 사용하여 무늬를 그라비어로 인쇄, 가열하면 오목 볼록의 벽지 재료가 된다.

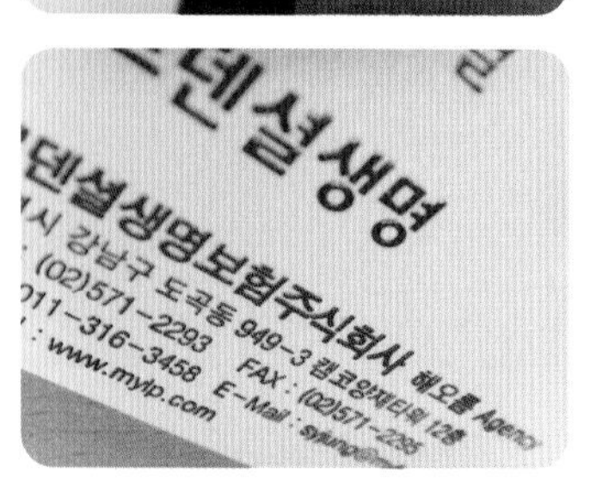

발포 인쇄

(3) 스크린 아츠모리 인쇄

■ 질감 · 중후감을 연출

스크린 아츠모리 인쇄란, 인쇄면에 잉크를 두껍게 인쇄하고, 잉크 자체를 종이 위에 두툼하게 하는 방법이다. 이 인쇄에는 UV스크린 잉크라는 특수한 잉크를 사용하며 인쇄의 질감, 중후감을 연출할 수 있다. 두께는 2mm 정도의 것도 있다. 명함과 연하장에도 사용된다.

이전에는 잉크의 건조에 문제가 있어서 대량생산은 힘들었다. 오프셋 인쇄의 잉크는 산화중합형이기 때문에 두껍게 잉크를 올리면 건조 · 경화에 많은 시간이 필요하였기 때문이다.

아츠모리 인쇄

그러나, 현재는 UV잉크 (UV= UltraViolet ·자외선)가 개발되고 상황은 개선되었다. UV잉크는 자외선 램프의 조사에 의하여 순간적으로 건조·경화하는 것이 가능하다. 자외선이란 인간의 눈에는 보이지 않는 '불가시광선'이며, 자색의 광보다도 파장이 짧은(185 ~ 400nm) 영역의 전자파이다.
잉크의 색은 다양하게 있으며 광택 잉크, 무광택 잉크도 있다. 어떤 것이든 통상적인 인쇄물보다는 질감과 중후감을 맛볼 수 있다.

■ 스크린 목을 굵게 하면 막이 두껍게 입혀진다

인쇄물의 제작 패턴으로서는 우선 그림부분을 오프셋 인쇄방식으로 인쇄한다. 그리고 강조하고 싶은 부분에 스크린 아츠모리 인쇄를 이용한다. 잉크를 두툼하게 하기 위해서는 스크린의 목을 통상적보다 굵게 하고, 비화선부 부분의 레지스트막을 극단적으로 두껍게 하면, 잉크의 양을 더욱 더 두툼하게 인쇄할 수 있다.

(4) 식모 인쇄

■ 정전기로 털을 세운다

'식모' 라고 해서 인체의 머리카락과 같은 부분을 이야기하는 것은 아니다. 직물이나 카펫과 같이 언뜻 보아서는 인쇄처럼 보이지 않는 느낌을 얻을 수 있는 것이 식모인쇄(植毛印刷, Flock Printing)이다. 다른 말로는 기모가공(起毛加工)이라고도 한다. 종이와 천에 직물과 같은 효과를 얻을 수 있는 인쇄기술로 비로드 같은 느낌도 인쇄로 표현 할 수 있으며 0.2~0.5mm 정도의 짧은 섬유를 정전기를 이용하여 세우는 기술이다. 식모 인쇄는 전자식모와 전사식모 2가지 방법이 있다.

전자식모는 정전기를 이용하는 방법으로 우선 오프셋 인쇄방식으로 일반적인 인쇄를 한다. 그리고 식모를 해야 하는 부분에 스크린 인쇄 방식으로 풀을 칠하고, 그 부분에 파일(Pile)*이라는 섬유를 잘게 재단한 것을 부착시켜 정전기를 이용하여 수직으로 털을 세운다.

식모하는 소재가 입체물인 경우에는 풀을 스프레이로 흩뿌리고, 정전기를 이용한다.

■ 강도가 약한 약점

식모할 수 있는 소재로서는 종이, 플라스틱, 목재, 유리, 금속 등이 있으며 심을 수 있는 섬유의 색에는 금, 은 이외의 모든 색을 사용할 수 있다.
용도로는 인형 이외에 보석상자의 내면, 자동차의 내장재 등이 있다. 일반적으로 천을 붙인 것처럼 보이는 것들 중에 의외로 인쇄에 의한 것이 많다.
기본적으로는 풀로 섬유를 붙이는 방식이기 때문에 풀이 충분히 발려 있지 않으면 식모의 강도가 불충분해져 마찰에 의하여 떨어져 버리는 경우가 많기 때문에 일반적으로 가는 선 등의 표현은 하지 않는다.

식모 인쇄

***비로드(Veludo)** : 표면에 고운 털이 돋게 짠 비단, 벨벳
***파일(Pile)** : 표면에 보풀이 인 것 같이 짠 천

(5) 점자인쇄

■ 점자의 유래

1808년경 프랑스의 육군장교 바르비에(Barbier)라는 사람이 야간전투시에 군사용 메시지를 전달하기 위해 손가락으로 만져서 읽을 수 있는 점으로 된 문자를 고안해 내었다.

점자(點字)는 이 군사용 야간문자에 기초한 것으로, 1829년 파리맹아학교에 재학중이던 루이 브라이유(Louis Braille)에 의해 만들어져, 오늘날 사용하고 있는 점자의 형태로 발전하게 되었고, 이때부터 시각장애인의 지식교육이 가능해졌다.

세로 6줄, 가로 2줄씩 12점으로 만들어진 야간문자가 손끝으로 한꺼번에 읽기가 너무 불편하자, 루이 브라이유는 이를 반으로 줄여 세로 3줄, 가로 2줄씩 6점으로 새로운 점자체계를 만들었다.

그후 6점식 점자는 1854년 파리맹아학교에서 시각장애인용 문자로 인정받게 되었고, 1878년 각국의 시각장애인 교육자들 회의에서 공인 받음으로써 전세계 시각장애인이 사용하는 문자로 발전하게 되었다.

우리나라 최초의 점자체계는 '조선훈맹점자'로, 1894년 평양에서 시각장애인 교육을 시작한 미국인 선교사 홀(Rossetta Sherwood Hall)이 뉴욕식 점자를 바탕으로 해서 만들었다.

그러나 이 '조선훈맹점자'는 세로 2줄, 가로 2줄씩 4점으로 만들어져 세계적으로 공인된 브라이유 6점식 점자체계와 맞지 않아 개정의 필요성이 제기되었다.

1913년 조선총독부에 의해 설립된 제생원 맹아부(지금의 서울맹아학교)의 초대 교사인 송암 박두성은 제생원 학생과 일반 시각장애인들과 함께 브라이유식 한글점자 연구를 시작하여 1921년 6점식 한글점자를 내놓게 되었다.

■ 점자의 특징

점자를 찍기 위해서는 점판, 점관, 점필이 필요하다. 점자를 찍는 종이는 점지라 하고, 점을 오래 보존하기 위해 일반 종이보다 두꺼운 것을 쓴다.

점자는 세로 3줄, 가로 2줄씩 6점을 기본단위로 사용하고, 6점을 조합하면 총 64개의 점형이 만들어 진다.

하지만, 64개의 점형으로 모든 글자를 나타낸다는 것은 불가능하다. 한글의 경우에도 자음이 14자, 모음이 21자이므로 47개의 점형을 사용해야 한다. 그러면 7개의 점형이 남는데, 여기에 마침표, 물음표, 느낌표, 쉼표, 작은따옴표 한 쌍, 큰따옴표 한 쌍, 소괄호 한 쌍, 중괄호 한 쌍, 대괄호 한 쌍 등 64개의 점형을 다 쓰고도 모자란다. 그리고, 영어, 일본어, 한자 등 다른 나라의 글자도 점자로 나타내어야 한다. 그래서 점자에서는 하나의 점형이 여러 개의 의미를 갖는 글자로 쓰이는 게 특징이다.

점자로 글을 쓸 때나 읽을 때에는 각별한 주의가 필요한데, 쓸 때와 읽을 때의 방향이 반대이기 때문이다. 모든 글자는 기본적으로 왼쪽에서 오른쪽으로 읽어 나가는 것이 원칙이므로, 점자도 이 원칙을 지키고 있다.

그러나 점자는 그 구조상 종이 뒷면에서 점필로 점을 찍는 방식이므로 점자를 읽으려면 종이를 뒤집어야 한다. 따라서 점자를 쓸 때에는 읽는 방향과 반대인 오른쪽에서 왼쪽으로 써나가야 종이를 뒤집으면 왼쪽에서 오른쪽으로 읽을 수 있다.

■ 점자의 제작

여기에서는 점자 도서를 만드는 몇 가지 방법을 소개한다.

▶ 융기 인쇄

투명한 발포 잉크를 사용하는 것으로 보통의 문자를 인쇄한 위에 점자를 인쇄하는 방법이다.

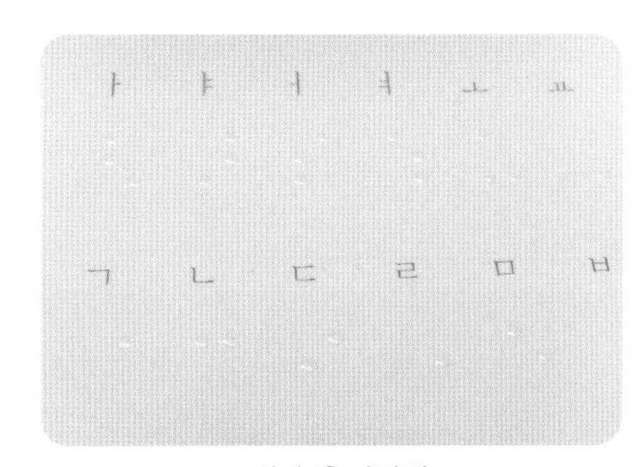

점자 융기인쇄

▶ 엠보싱 인쇄

엠보싱 인쇄란, 직접 용지에 오목과 볼록을 표현하는 것이다. 책의 표지 등에 오목과 볼록 가공을 하는 것과 같지만, 촉각으로 읽을 수 있도록 하기

엠보싱 인쇄 기계

위하여 보통의 엠보싱 가공보다는 높게 되어 있다.

우선, 얇은 아연 등의 판에 점자 제판기로 점자의 오목 볼록을 넣는다. 이 원판을 2중으로 하고 원판의 사이에 점자 용지를 끼운다. 이것을 점자 인쇄기의 롤러에 통과시켜 프레스한다. 이 방법은 제판, 인쇄가 비교적 용이하며, 읽기에도 적합하여 점자책의 주류로 되어 있다.

▶ 수지 인쇄

수지인쇄는 수지를 뿜어내어 점자를 인쇄하는 방법이다. 우선, 아연판에 전용 제판기로 점자 형태의 구멍을 뚫는다. 이 원판을 드럼에 붙이고 회전하는 드럼에 종이를 통과시킬 때, 드럼 안으로부터 경질의 수지를 뿜어내어 점자를 인쇄하고, 열처리하여 점자를 팽창시킨다. 이 방법은 앞뒷면 동시에 인쇄가 가능하며, 1회에 16페이지도 가능하다

점자판을 이용한 인쇄

▶ 입체 복사

입체 복사는 보통의 복사와는 다른데, 우선 일반적인 복사용의 원판을 만든다. 다음으로 통상의 복사기에서 발포제를 칠한 특수한 용지에 복사를 한다. 복사한 용지에 특수한 광을 조사하는 현상기를 통과시키면, 광이 검은 부분에 집중하여 가열시키고, 검은 부분이 부풀어 오르는 방식이다. 이 방

법은 복사에 사용하는 토너의 종류는 한정되어 있지만, 간단하게 제작할 수 있기 때문에 적은 부수의 인쇄에 적합하다. 그러나, 세밀한 표현은 불가능하며, 복사기 토너에 의한 더러움의 단점이 있다.

입체 복사 기계

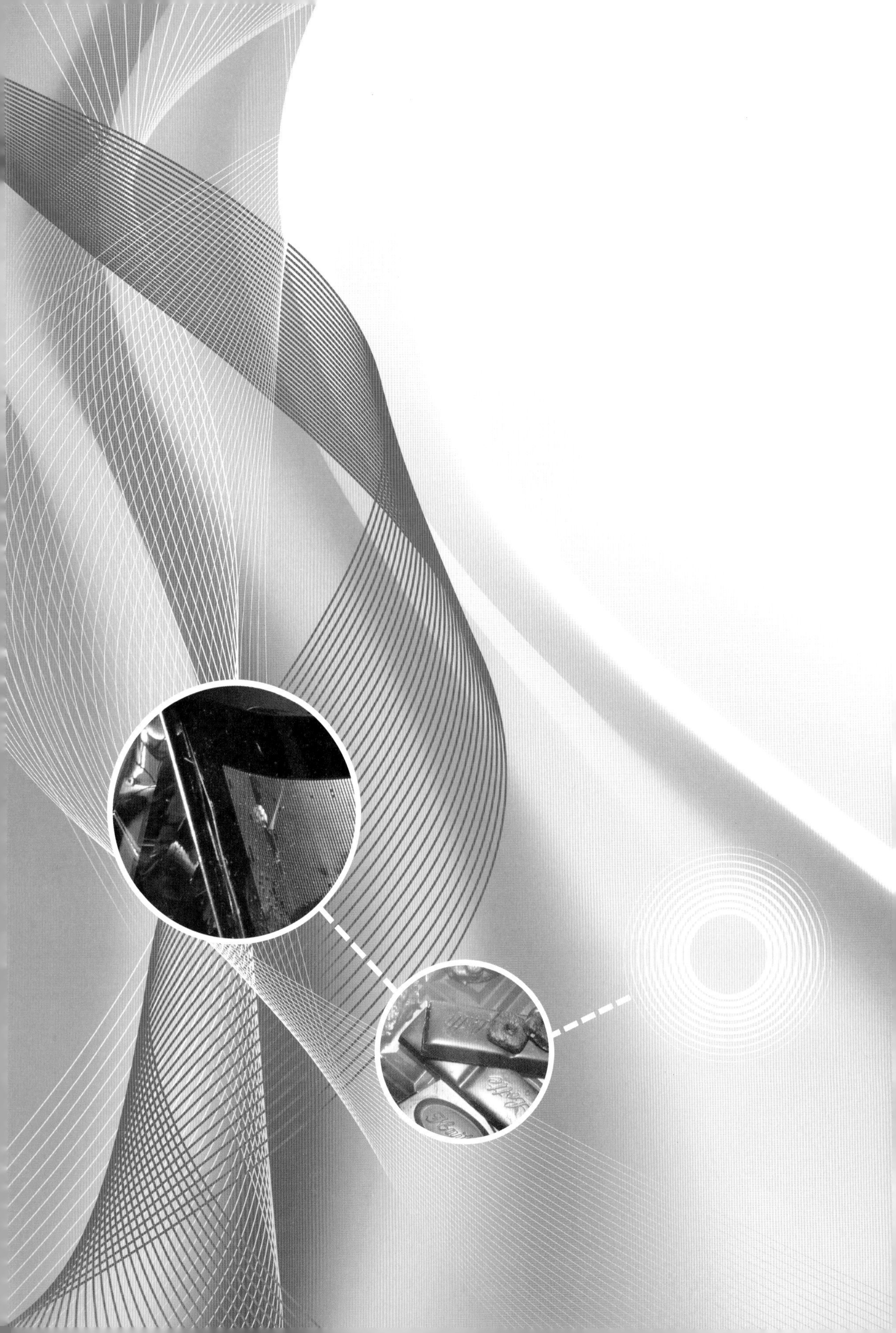

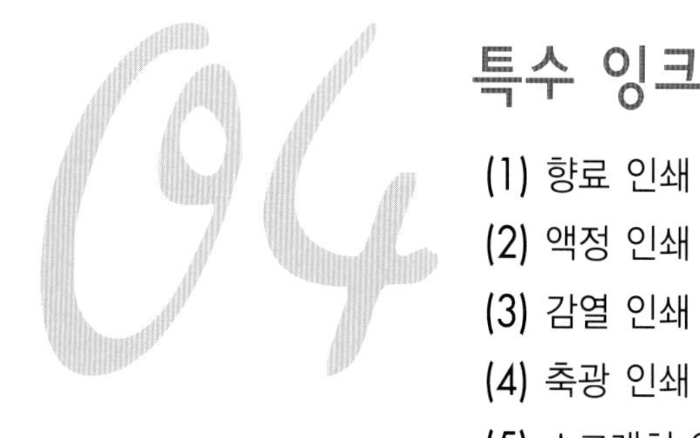

특수 잉크 인쇄

(1) 향료 인쇄

(2) 액정 인쇄

(3) 감열 인쇄

(4) 축광 인쇄

(5) 스크래치 인쇄

(6) 수전사 인쇄

(7) 데코매트 인쇄

(1) 향료 인쇄

■ 후각을 자극하는 인쇄

인쇄라면 눈으로 보는 것이라는 고정관념이 있다. 확실히 시각에 호소하는 인쇄가 근본이 되는 것은 사실이지만, 그것만이 전부는 아니다. 시각 외에 후각에 호소하는 인쇄도 존재를 하는데, 그것을 향료 인쇄라고 한다. 식품과 꽃 등의 향기를 인쇄로 나타내는 것이다. 예를 들면, 카탈로그 등에 꽃의 사진을 인쇄해 두고, 독자가 꽃의 사진을 비비면 그 꽃의 향기가 나는 인쇄물인 것이다. 실제로는 다양한 향료를 넣은 마이크로캡슐을 잉크와 특수 처리하여 잉크와 함께 인쇄한 것이다. 그리고 동전과 손톱 등으로 인쇄물을 문지르면 캡슐이 파괴되고 캡슐에 넣어둔 향료가 공기 중으로 산포되면서 향기가 나는 것이다.

■ 색과 향기의 이미지를 합치다

과일, 꽃, 식품, 음료수, 비누 등 향기의 종류는 매우 다양하며 그러한 다양한 향기들이 준비되어 있다. 이 향기는 주문 생산 또한 가능한데, 물에 녹는 용제(알코올)로 희석되는 향료는 캡슐화되지 않는다.

향료인쇄에서 중요한 것은 냄새를 연상시키는 사진과 그림을 함께 레이아웃하지 않으면 그 효과가 반감된다는 것이다.

인간은 색과 향기의 이미지가 동시적으로 떠오르도록 되어 있다. 따라서 향기와 사진을 충분히 고려하여 잘 매치시킬 필요가 있다. 인쇄 소재는 종이 이외에 각종 필름, 플라스틱, 천, 목재 등 비교적 범위가 넓다.

■ 향료 잉크

향기를 인쇄하는 향료 잉크는 투명하다. 냄새를 연상시키는 색의 사진과 문자를 오프셋 인쇄로 인쇄하고 나서 꽃과 음식물 등 향기를 나게 하고 싶은 부분에 스크린 인쇄로 향료 잉크를 인쇄하는 것이 보통의 작업 공정이다. 스크린 인쇄를 하는 이유는 향료 잉크 안의 마이크로캡슐을 부서지지 않게 하기 위해서이다. 하지만, 최근에는 오프셋용 향료 잉크도 개발되고 있기 때문에 앞으로 기술이 발달하여 스크린 인쇄로 향기를 인쇄하는 것은 점차 사라지게 될 것이다.

예를 들어, 오프셋 인쇄기에서 5색기와 6색기 등의 기본 4색 외에 별색을 인쇄할 수 있는 인쇄기를 사용하면, 한 번에 밑그림과 향료 잉크의 부분을 인쇄할 수가 있다. 그러나 그러한 경우에도 향료 잉크 안의 마이크로캡슐이 깨어지지 않도록 주의하지 않으면 안 된다. 그리고 인쇄방식이 다르기 때문에 잉크의 제조방식도 다르다.

마이크로캡슐 잉크의 제조법에는 습식과 건식이 있는데, 습식은 비교적 연한 것, 건식은 캡슐이 아주 작은 것이 적합하다.

향료 잉크의 내구성은 스크린 인쇄용의 잉크의 경우, 10년 정도 지나서 비벼도 향기가 나지만, 오프셋 인쇄용의 잉크의 경우에는 1년 정도로 기간이 한정되어 있다.

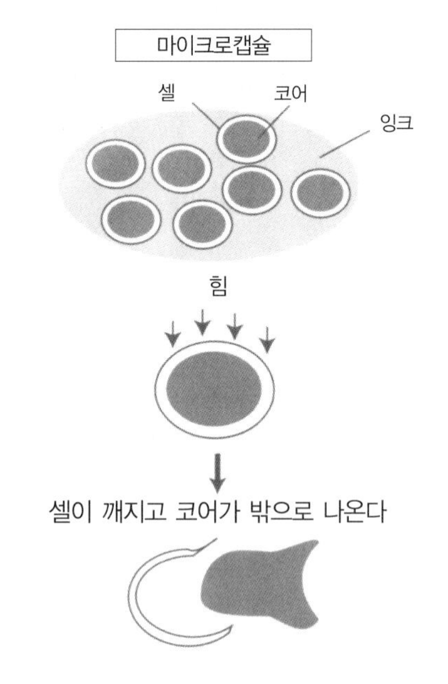

향료 잉크의 원리

향료 인쇄

(2) 액정 인쇄

■ 온도에 의해 색이 변화

온도에 의해 색이 변하는 인쇄물을 만드는 것이다. 온도에 의하여 색이 변하는 특성을 가진 액정(液晶)을 마이크로캡슐화한 '액정잉크' 라고 불리는 잉크를 사용하여 인쇄한다.
사람의 체온에 의하여 색이 달라지는 인쇄물이 가장 대표적인 샘플일 것이다. 인간은 심리상태에 의하여 혈액의 흐름이 변하고, 긴장하면 손가락이 차갑게 되고, 편안한 상태이면 따뜻하게 되는 것을 이용한 것이다. 감온성(感溫性)의 액정을 인쇄한 곳에 손끝을 접촉시키는 것으로 간단하게 체온을 체크할 수 있는 것이다.
액정 색의 변화는 온도가 올라감에 따라서 검은색 → 갈색 → 녹색 → 남색 순으로 바뀌게 된다. 액정이 녹색이 되었을 때가 그 액정의 표준온도이다.
20℃용의 액정을 사용한 경우에 20℃일 때는 녹색이 되며, 18℃에서는 갈색으로, 22℃이상에서는 남색으로 변한다. 2℃마다 액정잉크가 인쇄되어 있으며 -10℃로부터 60℃까지의 범위에서 목적에 맞는 잉크를 선택할 수 있다.

■ 액정의 종류와 용도

액정은 액체의 중간적인 상태에 있는 새로운 유기 물질이다. 액체와 같은 유동성을 가지면서 광학적으로는 결정과 비슷하다. 액정에는 콜레스테릭(Cholesteric) 액정, 네마틱(Nematic) 액정, 스메틱(Smectic) 액정 3종류가 있는데, 각각 분자의 긴지름 방향과 늘어선 모양이 다르게 되어 있다.
시온 인쇄로 사용하는 액정은 콜레스테릭 액정이며, 열광학적 선택 반사 효과 소자로 불리는 것이다. 시계와 전자계산기의 문자 표시에 사용되는 것은 네마틱 액정이다.
액정인쇄물의 용도는 온도계, 냉난방의 기준표, 측정계, 전자 게임 완구, OS 기기, 액정 TV 등에 사용될 수 있다.

■ 검은색으로 밑색을 깐다

액정잉크로 인쇄할 때는 우선 문자와 그림을 미리 오프셋 또는 그라비어 인쇄방식으로 인쇄하고, 다음으로 액정을 넣은 마이크로캡슐을 부서지지 않게 스크린 인쇄방식으로 인쇄한다.
액정은 무색투명하며, 특정한 파장역의 빛을 산란시키는 것에 의하여 각각의 색이 나타나게 된다. 따라서 액정을 인쇄하는 부분의 바닥에 미리 검은색을 인쇄해 두어야 발색성이 좋다.
그리고, 액정잉크는 습도에 매우 약하기 때문에 인쇄한 후에 표면에 투명한 폴리프로필렌 필름을 접착제로 붙인 'P.P접착' 에 의하여 표면을 코팅하는 가공 또한 필요하다.

액정 인쇄

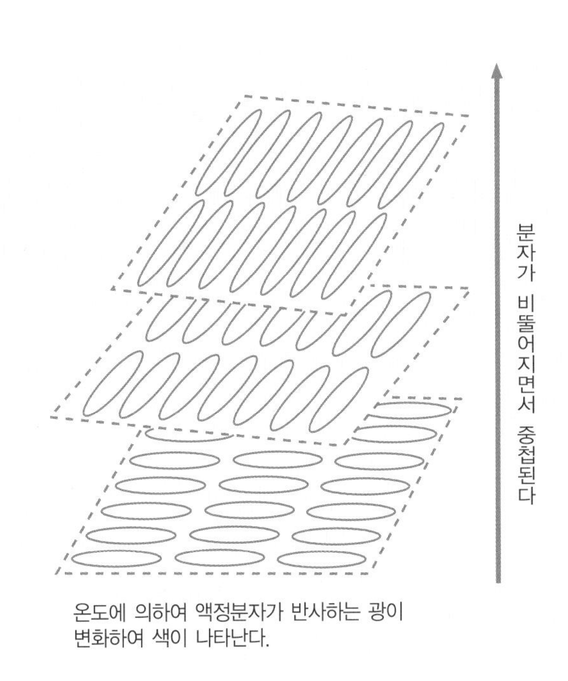

온도에 의하여 액정분자가 반사하는 광이
변화하여 색이 나타난다.

액정 인쇄의 원리

(3) 감열 인쇄

■ 색이 변하고, 그림이 사라지다

온도에 의하여 색이 변하는 다른 한 가지의 인쇄방식이 감열 인쇄(感熱 印刷)이다. 감열 인쇄란 따뜻하게 하거나, 차갑게 하면 원래의 색이 변하거나 색이 없어지거나 또는 없던 색을 나타나게 하는 인쇄이다. 따뜻한 물을 넣으면 그림이 변하는 머그컵과 컵 등을 본 적이 있을 것이다. 이 인쇄에는 염료 타입의 '시온(示溫)잉크*'를 사용한다. 시온잉크와 염료와 염료를 발색시키는 물질과 온도에 의하여 발색을 컨트롤하는 물질, 이렇게 3종류를 캡슐에 넣은 것이다. 이들 배합률의 차이와 안료의 선택에 따라 고온에서 변화하는 것과 저온에서 변화하는 것으로 나누어진다. 이 배합물은 온도가 올라가면 색을 안 보이게 하고, 온도가 내려가면 발색하는 메커니즘으로 되어 있으며 적, 황, 녹, 청, 먹 등의 10여 가지의 색이 준비되어 있다. -4℃ ~ 80℃까지의 12단계의 범위를 사용할 수 있다.

감열 인쇄에는 오프셋 방식, 스크린 방식, 그라비어 방식 등의 인쇄방법이 사용되며, 소재는 종이, 플라스틱, 천 등 다양한 피인쇄체를 사용할 수 있다. 일반 안료로 혼합하여 사용도 가능하지만, 감색혼합이 되어 선명도가 떨어진다. 따라서, 그림과 문자, 마크 등 색을 바꾸고자 하는 곳에 부분적으로 시온잉크를 사용하는 것을 추천한다.

사용 예로서는 편의점에서 판매하고 있는 맥주, 소주 등의 라벨에 온도에 따라서 나타나는 모양 등을 볼 수 있는데, 이것은 시온잉크를 사용하여 소비자들에게 병의 온도를 가늠할 수 있게 한 예이다.

시온잉크

■ 액정 인쇄와의 차이

온도에 의하여 색이 변하는 것은 액정 인쇄와 매우 유사하지만, 감열 인쇄 쪽이 발색하는 온도 범위가 액정잉크보다 넓은 것이 특징이다.

다만, 액정 잉크에 비하여 '시온잉크' 는 온도에 대한 발색 반응이 늦기 때문에 대부분 온도를 가늠하는 목적으로 사용하는 경우가 많다.

어느 쪽도 잉크로서 습도에 약하기 때문에 발색을 좋게 하기 위해서는 잉크를 두껍게 인쇄한다. 그리고 내열 · 내압 · 내광성이 일반 인쇄용 잉크보다 낮기 때문에 오래 보관해야 하는 인쇄물에는 적합하지 않다.

***시온잉크** : 시온잉크는 온도의 변화를 색의 변화로 기능하는 잉크로 독일의 바스프(Basf) 사가 최초로 개발하였다. 온도에 의해 색을 변화시키는 물질은 많이 있지만 실용적으로는 온도변화에 의한 변색이 확실하고 변색의 온도 폭이 좁아야 한다. 시온잉크를 분류하면 온도가 원상태로 되돌아와도 복색하지 않는 불가역형과 복색하는 가역형이 있다. 주로 후자가 실용화되어 있다.

발색하는 온도 ~ 색이 사라지는 온도	비 고
- 4℃ ~ 5℃	얼음과자용
1℃ ~ 12℃	냉장과자용
8℃ ~ 16℃	냉장고, 찬 음료용
11℃ ~ 19℃	냉장고, 찬 음료용
14℃ ~ 23℃	냉장고, 비닐하우스용
16℃ ~ 26℃	체온용
22℃ ~ 31℃	체온용
24℃ ~ 33℃	체온용
27℃ ~ 36℃	목욕용
32℃ ~ 41℃	목욕용
40℃ ~ 50℃	따뜻한 음료용
44℃ ~ 58℃	따뜻한 음료용

시온잉크의 발색온도

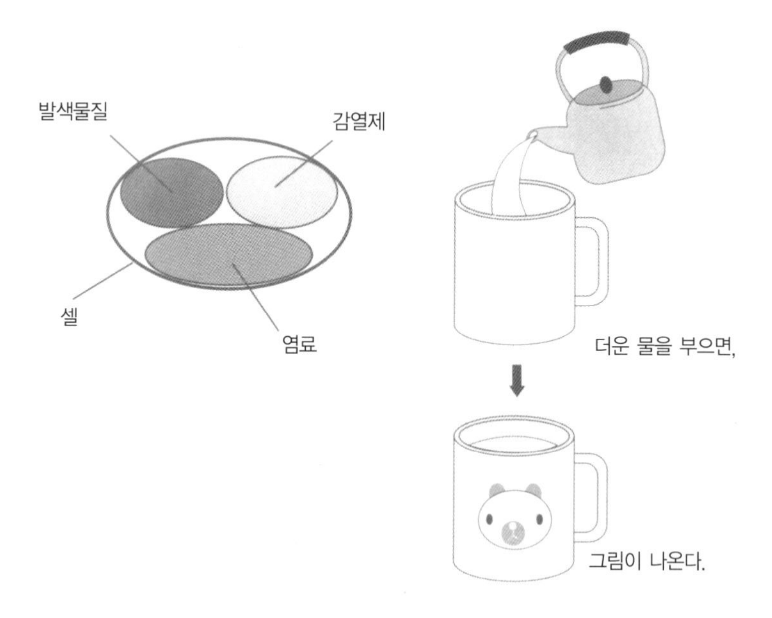

시온잉크의 구조

(4) 축광 인쇄

■ 자외선을 흡수, 축적

어두운 곳에서 밝게 빛나 보이게 하는 인쇄방법을 축광 인쇄(畜光 印刷)라고 한다. 이것은 광 에너지를 저장하는 성질을 가지는 축광안료를 혼합한 잉크를 인쇄에 이용하고 있다. 이 안료는 자외선을 흡수하여 보관하고 있다가 어두운 곳에서 광을 방출하는 것이다. 밝은 곳에서 흡수 · 축적한 광의 에너지는 어두운 곳에서 서서히 발산하여 적게는 1시간에서 길게는 10시간 정도 지속적으로 빛을 낸다. 발광색은 청 · 녹 · 황 · 갈색 등이 있다.

축광안료의 크기는 약 15 ~ 20미크론이다. 너무 입자가 작으면 발광휘도가 저하해 버리기 때문이다.(1미크론= 1/1,000mm)

그리고, 축광안료를 사용하여 만들어진 잉크는 사용기한이 일반 잉크보다 현저히 짧기 때문에 가능한 빨리 사용하는 것이 좋다.

■ 형광(螢光)과는 다르다

종이에 인쇄를 하는 경우에는 전체 그림을 오프셋 인쇄방식으로 인쇄하고, 축광부분은 선화 또는 전체를 스크린 인쇄방식으로 인쇄한다. 다만, 종이가 너무 얇으면 효과는 떨어지기 때문에 주의를 요한다.

축광부분을 효과적으로 표현하기 위해서는 선(線)의 경우에는 2mm이상의 두께가 필요하다. 그리고 축광잉크로 인쇄하는 부분은 바탕색을 희게 하고 그 주위를 어두운 색으로 하면 보다 발광색이 눈에 띄는 효과를 낸다.

축광잉크와 유사한 성질을 가지는 잉크로 지폐 등에 사용되고 있는 특수 발광잉크가 있다. 특수 발광잉크 또한 자외선을 흡수하고, 특정 파장역의 가시광으로서 발광하지만, 방출시간이 거의 순간적이기 때문에 어둡게 하면 동시에 보이지 않게 된다. 이 잉크는 축광잉크와는 완전히 다른 성질의 것이다.

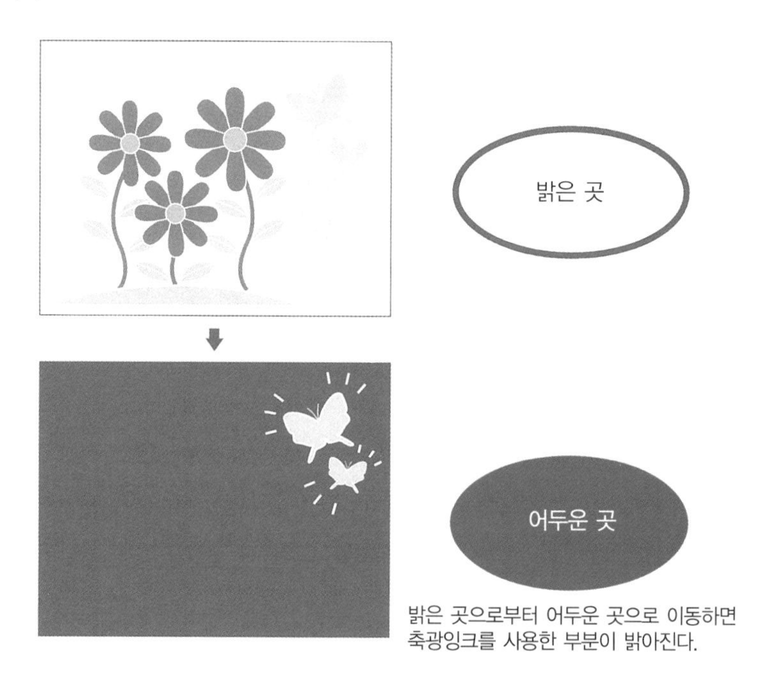

축광 인쇄의 특징

축광 인쇄

(5) 스크래치 인쇄

■ 니스 위에 인쇄

근래에 들어 스크래치 방식으로 인쇄하는 것이 너무나도 흔해져 이해를 하는데 별다른 어려움은 없을 것이다. 인쇄면의 금 · 은색 피막을 동전 또는 손톱 등으로 긁어내면 피막의 밑 부분에 인쇄되어 있는 글자가 보이게 된다.

인쇄 방식으로서는 먼저 오프셋 인쇄로 감추고 싶은 부분을 포함한 전체면을 인쇄한다. 다음으로 감추고 싶은 부분 위에 투명한 OP니스, UV코팅, 라미네이팅 등으로 코팅을 하는데, 이것은 다음 공정에서 인쇄되는 금, 은색의 스크래치가 벗겨지기 쉽도록 하기 위해서이다. 그리고 코팅된 부분에 스크린 인쇄로 금 · 은색의 스크래치를 두껍게 인쇄한다. 이것이 피막이 되며, 동전과 손톱 등으로 문지르면 이 피막만이 벗겨져 아래의 글자가 보이게 되는 것이다.

■ 어떻게 감출 것인가

이 인쇄에서는 인쇄면끼리 맞부딪혀도 스크래치 부분이 벗겨져서는 안 되며, 동전 등의 딱딱한 것으로 문지르면 쉽게 벗겨져야만 한다. 피막의 밑에 감추어진 글자가 안 보이게 하는 것도 중요한 기술이다.

잉크속에는 알루미늄 성분이 섞여져 있어 음폐성이 뛰어나며, 색은 금 · 은색이 일반적이지만, 이외에도 다양한 색이 구비되어 있다.

복권 등에 많이 사용되고 있기 때문에 종이의 선택에 있어서도 뒷면이 비추어지지 않도록 두꺼운 종이를 사용해야 하며, 만일의 경우를 대비하여 뒷면에도 특수처리를 하여 앞면이 전혀 보이지 않도록 하고 있다.

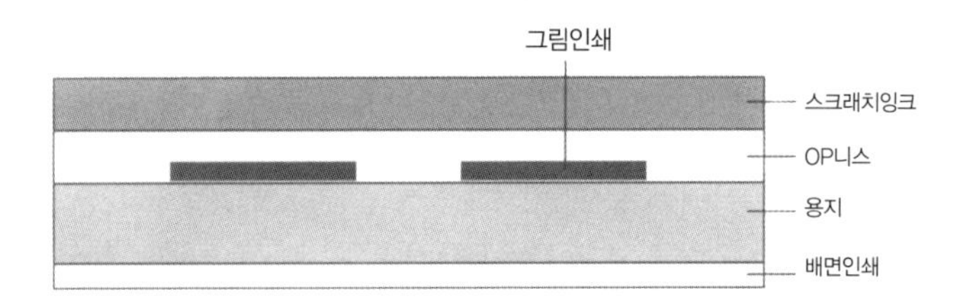

스크래치 인쇄의 단면

스크래치 인쇄

(6) 수전사 인쇄

■ 직접 인쇄가 곤란한 곳에 전사

전사 인쇄(Transfer Printing)는 스크린 인쇄와 그라비어 인쇄 등으로 전사지에 화선을 인쇄하여 이 전사지를 피인쇄체(도자기, 유리, 플라스틱, 천 등)의 표면에 옮기는 것을 말한다.

전사 인쇄는 재질이나 형상 등에 직접 인쇄하기가 곤란한 물체 또는 다색을 얻고 싶은 물체에 간접적인 수단으로 전사지를 이용하여 피인쇄체에 화선을 전사하는 방법이다.

전사 방식에는 습식법과 건식법이 있는데, 습식법에는 물부착법 · 용제법이 있고, 건식법에는 가열 · 가압 · 승화법이 있다. 물 부착법은 전사지에 도포한 수용성 풀층을 물로 축여 벗겨서 전사하는 것이며, 용제법은 전사지에 반대보기로 인쇄한 화선에 용제(알코올 종류)를 뿜어 인쇄 잉크 중의 비이클을 용해, 접착시키는 방법이다.

건식법에는 가열법과 승화 전사법이 있는데, 가열법은 인쇄잉크 피막을 가열, 가압하여 녹여 고착시키는 방법이며, 승화 전사법은 승화성 염료를 가열, 가압하여 염착시키는 방법이다.

■ 수용성의 박리층이 포인트

수전사(水轉寫)란, 전사지를 물에 적시고 인쇄된 그림을 전사하고 싶은 곳의 표면에 붙이고 전사지를 떼어내는 것으로 인쇄잉크의 피막만이 전사되는 방식이다.

프라모델(Pramodel)의 그림 부분 실(Seal)과 학용품과 문구 등에 붙이는 실(Seal), 젊은 사람들에게 인기 있는 페이퍼 타투 등에 사용되고 있다. 베이스의 종이에 수용성의 박리층을 만들고 그 위에 그림을 인쇄한다. 그리고, 그 위에 접착층을 코팅한다.

이렇게 만들어진 전사지를 옮기고 싶은 부분에 붙이고 나서, 천 또는 스폰지 등으로 수분을 전달하고 박리지를 벗긴다.

접착층의 선택에 따라서는 물로 씻어도 간단히 씻어지지 않는 것과 씻어지는 것을 만들 수 있다.

박리층, 그림, 접착층은 스크린 인쇄 방식을 사용하는 것이 일반적이다. 전사 방법으로는 이외에도 열에 의하여 전사하는 승화전사(昇華轉寫)가 있다. 이것은 주로 천이나 면류에 인쇄할 때에 사용되고 있다.

최근에는 컬러 프린터용의 전사 시트가 판매되고 있기 때문에 누구든지 이용할 수 있게 되었다.

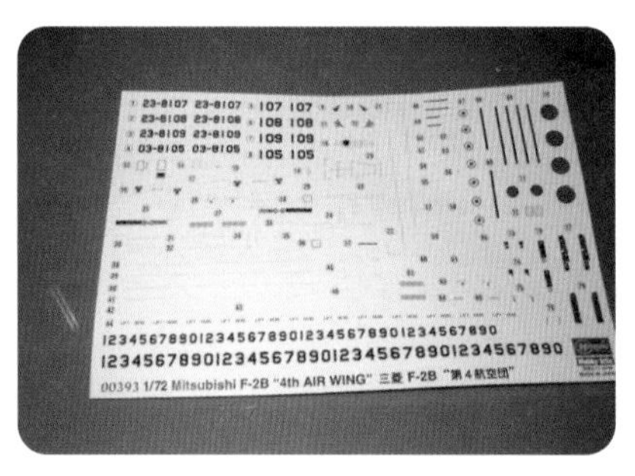

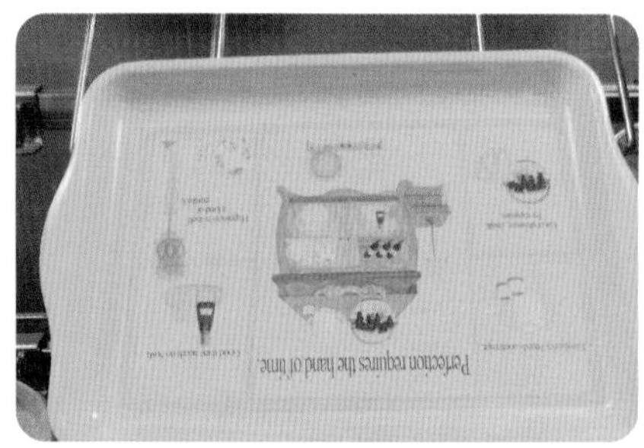

전사 시트 인쇄

1. 표면의 필름을 떼어낸다.

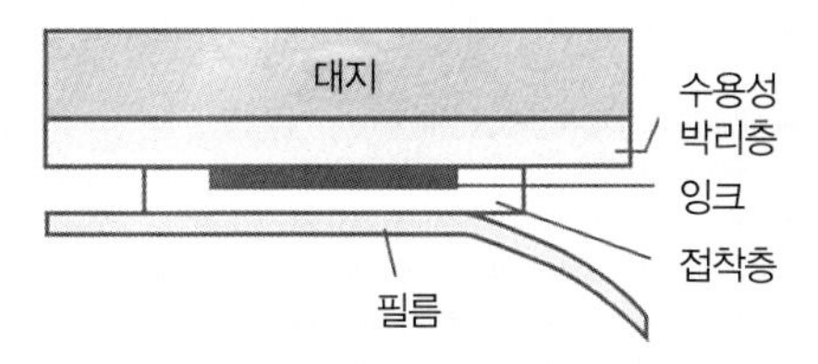

2. 잉크면을 전사하고자 하는 곳에 놓고,
위로부터 수분을 묻힌다.
(수용성 박리층이 녹는다)

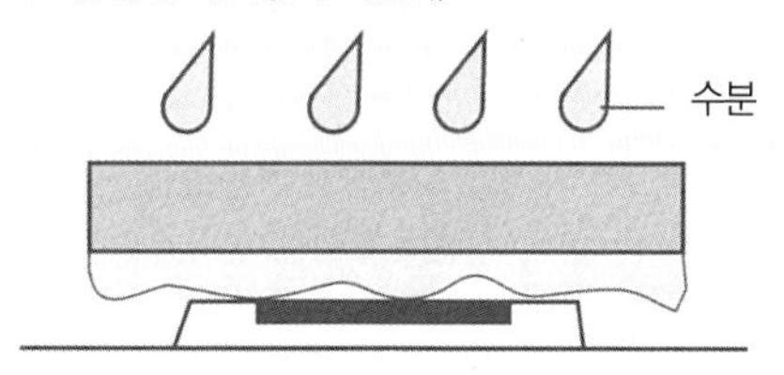

3. 박리층이 다 녹으면 대지를 떼어낸다.
(20~30초)

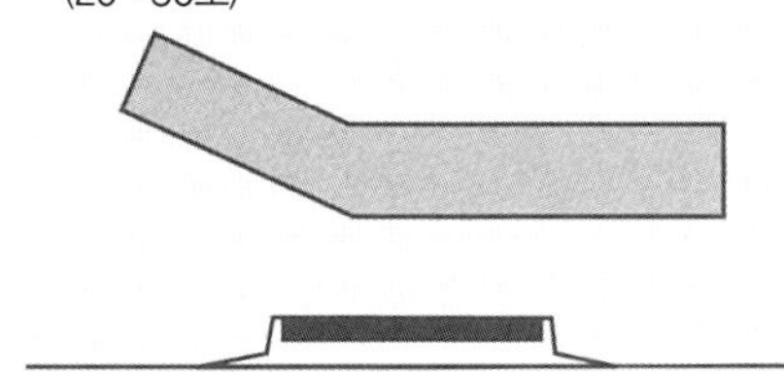

4. 접착층이 건조되면 전사완료
전사잉크는 알콜과 클렌징크림으로
씻어낼 수 있다.

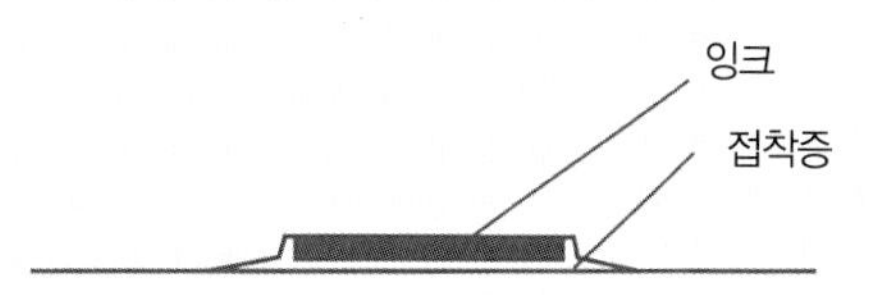

전사 인쇄의 프로세스

(7) 데코매트

■ 유아용 도서에서 많이 사용

데코매트(Decomatt)인쇄란, 연필로 문지르면 연필가루가 무색의 잉크부분에 흡착하고, 그림이 나타나게 하는 재미있는 기법이다. 하지만, 연필로 문지르기 전이라도 옆에서 보면 얇게 그림의 형태가 보이기 때문에 재미가 반감되는 경향이 없지 않다.

데코매트 인쇄하는 부분은 '미듐잉크*' 를 사용하며, 그라비어 인쇄방식 또는 스크린 인쇄방식으로 인쇄한다.

문지르면 나타나는 일러스트는 두꺼운 선으로 표현하는 것이 좋다. 사용하

데코매트 표면은 무색이지만, 연필로 가볍게 문지르면 잉크를 묻힌 부분이 눈에 보이기 시작한다.

데코매트

는 종이는 상질지로는 농담의 표현이 다소 어렵기 때문에 코트지 계열의 종이를 사용하는 경우가 많다.

데코매트 인쇄부분은 색 잉크의 위에 인쇄하면 별로 효과가 없기 때문에 흰 바탕 위에 그림을 인쇄하는 것이 좋다.

***미듐잉크** : 인쇄잉크의 농도를 낮추기 위한 투명 또는 반투명 무색 잉크

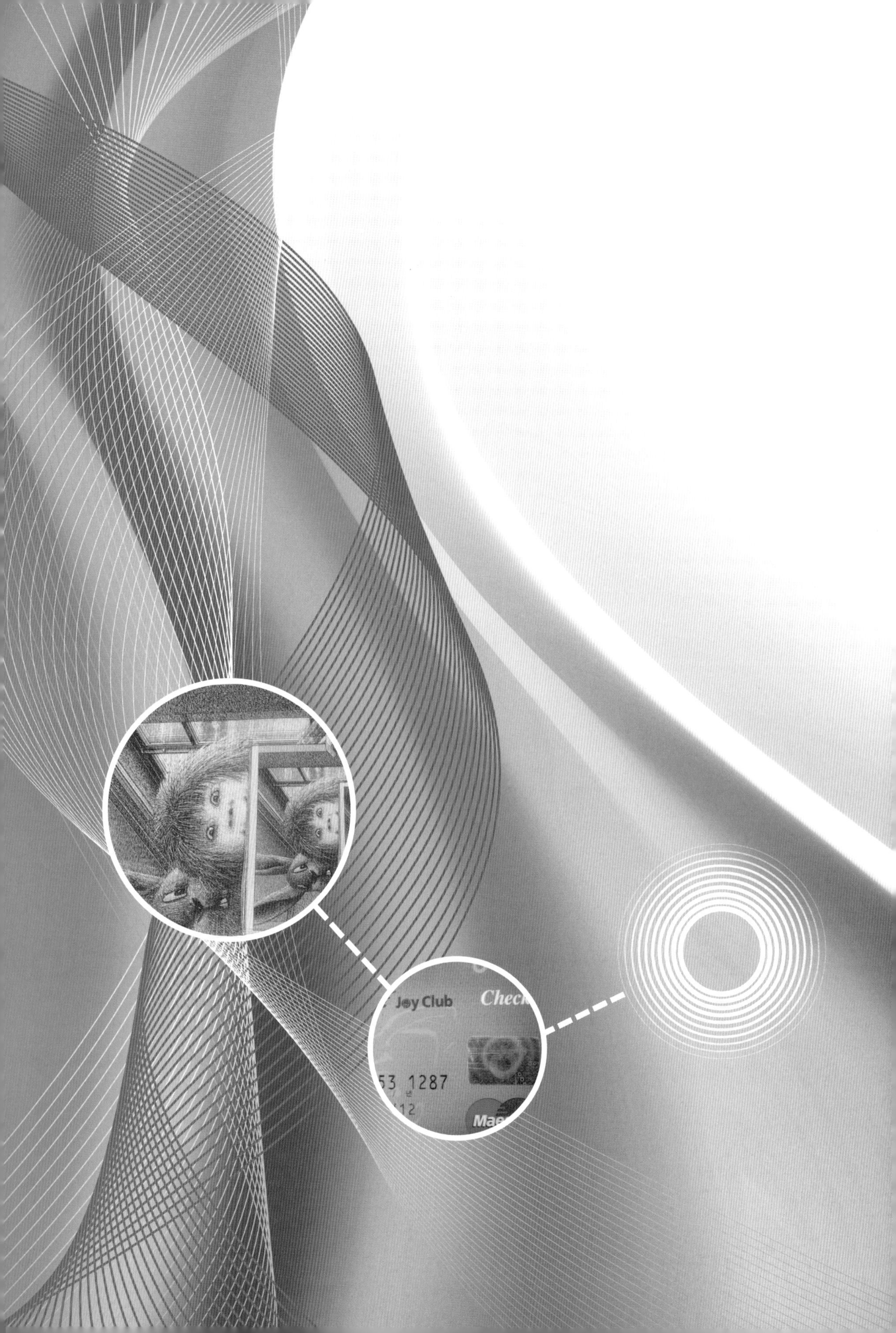
Joy Club
53 1287

입체로 보이는 인쇄

(1) 스테레오 인쇄

(2) 홀로그램

(3) 2색 입체인쇄 (Anaglyph)

(4) 렌티큘러 스테레오 인쇄

(1) 스테레오 인쇄

■ 고전적인 인쇄기법

'스테레오 인쇄' 란, 입체적으로 보이는 인쇄물로서 입체 인쇄라고도 한다. 2매의 사진을 나란히 하여 육안으로 또는 전용 뷰어, 안경으로 보면 입체적으로 보이는 인쇄물이다.

입체적인 영상을 재현하고 싶은 욕구로 인하여 오래전부터 여러 가지 방법이 시험되어 왔다. 또 입체상을 관찰하는 매체로서는 당초부터 사진이 사용되고 그 후 인쇄에 응용되도록 발전하였다. 원고의 작성방법은 지극히 단순하여 2대의 카메라를 나란히 세워 동시에 촬영하는 것으로 충분하다. 정지화상이면 1대의 카메라로 2회 촬영하는 방법도 사용할 수 있다. 이는 같은 피사체를 조금 다른 각도로부터 촬영하는 것이다. 이 2매의 사진을 좌우 나란히 한다. 그 이후의 공정은 일반 제판 인쇄와 같다. 통상적인 컬러 프린트도 가능하다. 2매 사진법으로 찍은 사진이 있으며, 입체 안경이 없더라도 육안으로 입체화상을 볼 수 있다. 이것은 나안입체법(裸眼立體法)이라 한다. 이것은 크게 나누어 '평행법*', '교차법*' 의 2종류가 있다.

● 평행법으로든 교차법으로든 스테레오 사진을 잘 보기 위해서는 어느 정

도의 숙련이 필요하다. 인간의 눈과 눈의 간격은 평균 65mm정도 떨어져 있기 때문에 좌우 그림의 중심으로부터 눈의 중심까지의 거리가 65mm 이하가 되면 잘 보인다고 한다. 그리고 최대의 크기는 엽서크기 정도이다. 최근에는 1매의 원화와 사진으로부터 컴퓨터 처리로 특수한 화상 처리를 하면 스테레오 인쇄를 하기 위한 원고를 만들 수 있게 되었다.

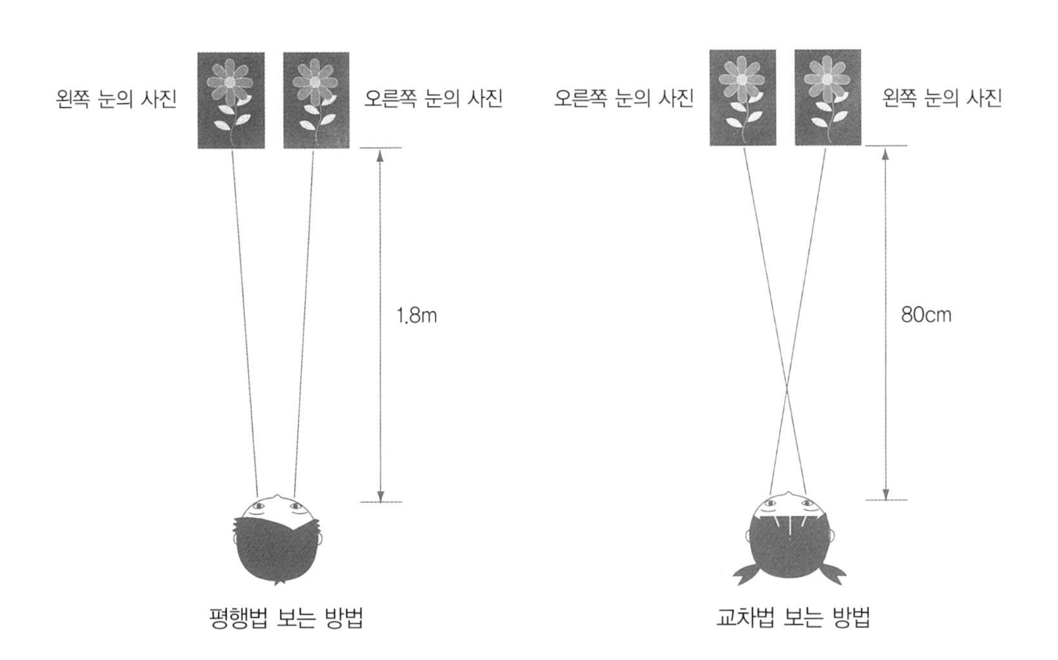

***평행법** : 오른쪽 눈으로는 우측의 화상을, 왼쪽 눈으로는 좌측의 화상을 보는 방법이다. 그 다음의 그림처럼 우선 원거리에 있는 사물을 보듯이 초점을 맞춘 상태에서 가까운 것을 본다. 처음에는 흐리게 보이지만, 그대로 집중하고 있으면 초점이 맞아지고, 이윽고 입체적으로 보여 온다. 그림과 눈의 간격은 1m 정도가 적당하다.

***교차법** : 곁눈의 상태로 오른쪽 눈으로 좌측의 화상을, 왼쪽 눈으로 오른쪽 화상을 보는 방법이다. 다음 그림과 같이 좌우의 화상을 중첩하는 것처럼 잠시 그대로 보고 있으면, 어느 순간에 평면의 그림이 입체적으로 보여 온다. 그림과 눈의 간격은 80cm 정도가 적당하다.

(2) 홀로그램

■ 위조방지에 큰 역할을 하다

'홀로그램(Hollogram)' 이란, 광의 간섭을 이용하여 입체화상을 표현하는 방법이다. 홀로그램에는 멀티플렉스 타입, 레인보우 타입 등 몇 가지의 종류가 있다.

멀티플렉스 타입이란, 원통의 투명 필름 속에 입체상이 보인다. 360도 어디에서도 입체로 보이며, 화상의 움직임을 표현할 수 있는 특징이 있다. 레인보우 타입은 백색광 아래에서 보면 무지개 색의 입체화상이 보이기 때문에 이런 이름이 지어졌다. 엠보싱(Embossing) 가공에 의하여 필름과 전사박(轉寫薄)으로 양산 또한 가능하다. 전사박으로 가공하면 5미크론의 두께까지 가능하여 복사에 의한 위조 방지에 쓰이기도 한다. 따라서, 홀로그램은 소프트웨어의 해적판 방지용 실(Seal)과 신용카드, 상품권 등에 박작업으로 작업되며, 접착제를 코팅한 실(Seal)의 형태로도 사용된다.

■ 홀로그램의 제작방법

원고를 촬영할 때에는 레이저광을 이용한다. 광에는 일정의 주기를 가진 파장이 있으며 두 개의 광이 부딪히면서 간섭하는 성질이 있다. 레이저광을 조사한 광인 참조광(参照光)과 입체물에 닿아서 반사한 반사광으로부터 생성된 간섭을 필름에 기록하는 것이다.

구체적으로는 우선, 하나의 레이저광을 하프미러(Half mirror)를 이용하여 2개로 나눈다. 하프미러란 광의 반은 통과하며 반은 반사하는 거울이다. 2개로 나누어진 레이저광 중에 하나는 피사체에 닿는다. 그리고 반사된 광을 고해상도 건판에 기록한다. 다른 하나의 레이저광은 피사체에 닿지 않고 그대로 고해상도 건판에 기록한다. 이때 피사체에 닿은 상위가 무너진 반사광과 상위가 갖추어진 참조광은 서로 간섭하고, 입체화상을 만들어 낸다. 레인보우 타입의 홀로그램은 광의 간섭을 요철의 형태로 표현하기 위하여 고해상도 건판의 위에 기록된 미세한 요철에 금속막을 도포하고 금속원판을 만든다. 이 금속원판을 사용하여 투명 폴리에스테르 시트에 열 압착하는 것으로 동일한 홀로그램을 얼마든지 만들 수 있게 되는 것이다.

그리고, 투명한 폴리에스테르 시트의 엠보 면에 알루미늄을 증착하면 엠보 면에 반사한 광으로 입체화상이 보여지는 것이다.

실물 모형을 만들어 촬영하는 것 이외에도 컴퓨터 그래픽을 사용하여 그린 3차원의 화상으로부터도 홀로그램을 만들 수 있다. 컴퓨터로 광이 닿았을 때의 간섭을 계산하여 홀로그램으로 응용하는 것이다.

홀로그램

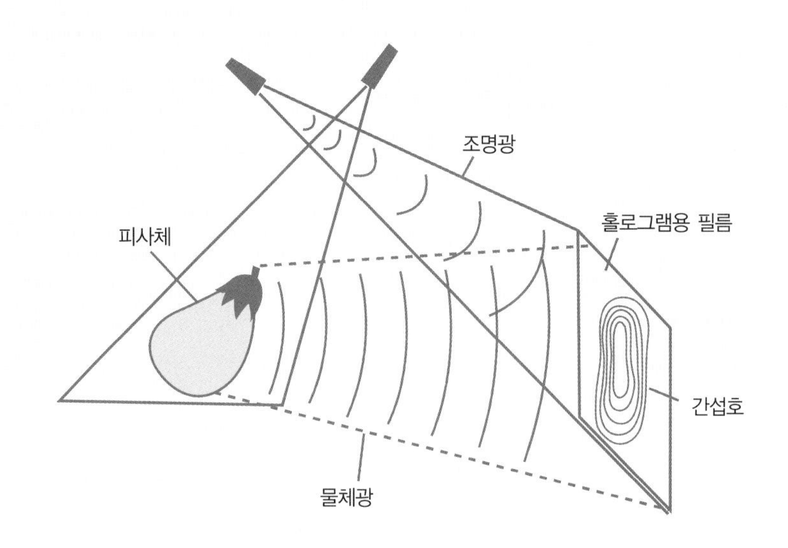

※두개의 광간섭에 대하여 광의 세기와 광이 오는 방향을 필름에 기록한다.

홀로그램의 제작 원리

(3) 2색 입체 인쇄

■ 눈의 착시 현상을 이용

'2색 입체 인쇄(Anaglyph)'란 좌우 눈의 거리(약 65mm)만큼 띄운 2대의 카메라로 동일한 물체를 촬영한 상을 적색과 청색의 2색으로 인쇄하여 이것을 적과 청의 셀로판 안경을 쓰고 보면 입체적으로 보이는 인쇄물을 말한다. 인쇄물 자체를 그대로 보면 붉은색과 남색의 2색으로 같은 그림을 엇나가게 인쇄한 것이지만, 이것을 적과 청의 셀로판 안경으로 보면 입체처럼

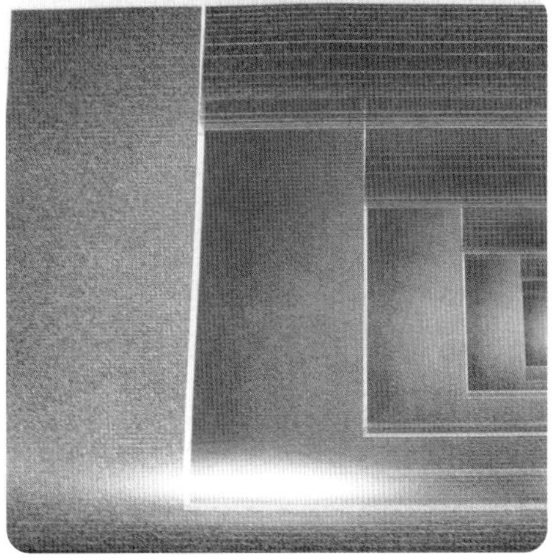

2색 입체물

보이는 것이다. 빨강 셀로판을 통해 보는 눈에는 남색의 그림이 보이며, 파랑 셀로판을 통해 보는 눈에는 붉은색으로 인쇄된 그림이 보이는 것에 의한 눈의 착시현상을 이용한 의사입체표현기법(擬似立體表現技法)이다. 이 인쇄방법은 지형지도 등을 입체상으로 보기 위해 항공사진 등에 널리 응용되었다. 하지만 지금은 디지털 기술을 이용한 3D 및 4D 그래픽의 보급으로 인하여 보기가 힘들어졌다.

■ 연속적인 입체는 표현이 불가능하다

제작 방법은 의외로 간단하여 촬영 또는 그린 원화를 2색으로 엇나가게 인쇄하면 된다. 원근감을 내기 위하여 엇갈리는 폭을 5~6단계로 나누어 설정한다.

2색 입체 인쇄의 결점은 적청 셀로판 안경을 사용하지 않으면 입체로 보이지 않는다는 것이다. 그리고 몇 단계로 나누어 원근감을 표현하는 방법이기 때문에 연속적인 입체를 표현할 수는 없다.

2색 안경

(4) 렌티큘러 스테레오 인쇄

■ 보는 각도에 따라 입체적으로 보인다

'렌티큘러 스테레오(Lenticular Stereo)' 는 렌티큘러 렌즈인 플라스틱으로 만든 어묵형 렌즈 밑에 왼쪽 눈과 오른쪽 눈의 상을 번갈아 인쇄해 두면 좌우 눈의 방향차에 따라 각각의 상이 보이므로 입체감을 얻는다.

렌티큘러용 화상은 입체인쇄용의 특수한 스테레오 카메라를 사용하여 촬영하고 우측용과 좌측용의 상을 렌즈에 맞추어 정확히 제판하지 않으면 안된다. 그림 자체는 통상적으로 4색 오프셋 인쇄방식으로 인쇄한다.

인쇄한 종이의 표면에 플라스틱의 접합과 렌티큘러 렌즈의 성형을 동시에 행한다. 그리고, 미리 만들어둔 렌티큘러 렌즈를 용지의 표면에 접착제로 붙이는 경우도 있다.

■ 렌티큘러 렌즈

렌티큘러 스테레오 인쇄가 입체적으로 보이는 것은 렌티큘러 렌즈의 작용으로 좌우 눈에 각각의 각도로부터 다른 입체 정보가 들어가기 때문이다.

그림엽서, 디스플레이, 패키지 등에 많이 이용되고 있다.

렌티큘러 렌즈는 0.2mm~0.3mm 두께가 대량으로 생산되고 있다. POP 디스플레이용은 렌티큘러 렌즈가 비교적 두꺼운 1.3mm 이상의 것이 많이 사용된다. 그리고, 렌티큘러 렌즈를 사용하는 제품들로 변화무늬, 뜬 문자, 서클, 레인보우 등이 있는데, 각각 특이한 효과를 가지며 렌티큘러 렌즈의 용도가 광범위하다.

그 밖에 이 렌티큘러 렌즈를 사용하여 대형의 입체상을 얻기 위한 투영형 디스플레이, 또 X선 사진을 렌티큘러 렌즈를 사용하여 입체화하는 의료 기기의 용도 등이 개발되고 있다

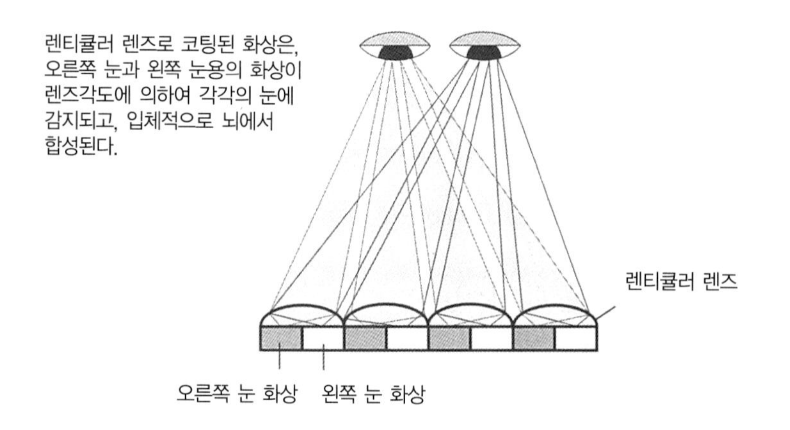

렌티큘러 원리

렌티큘러 스테레오 인쇄

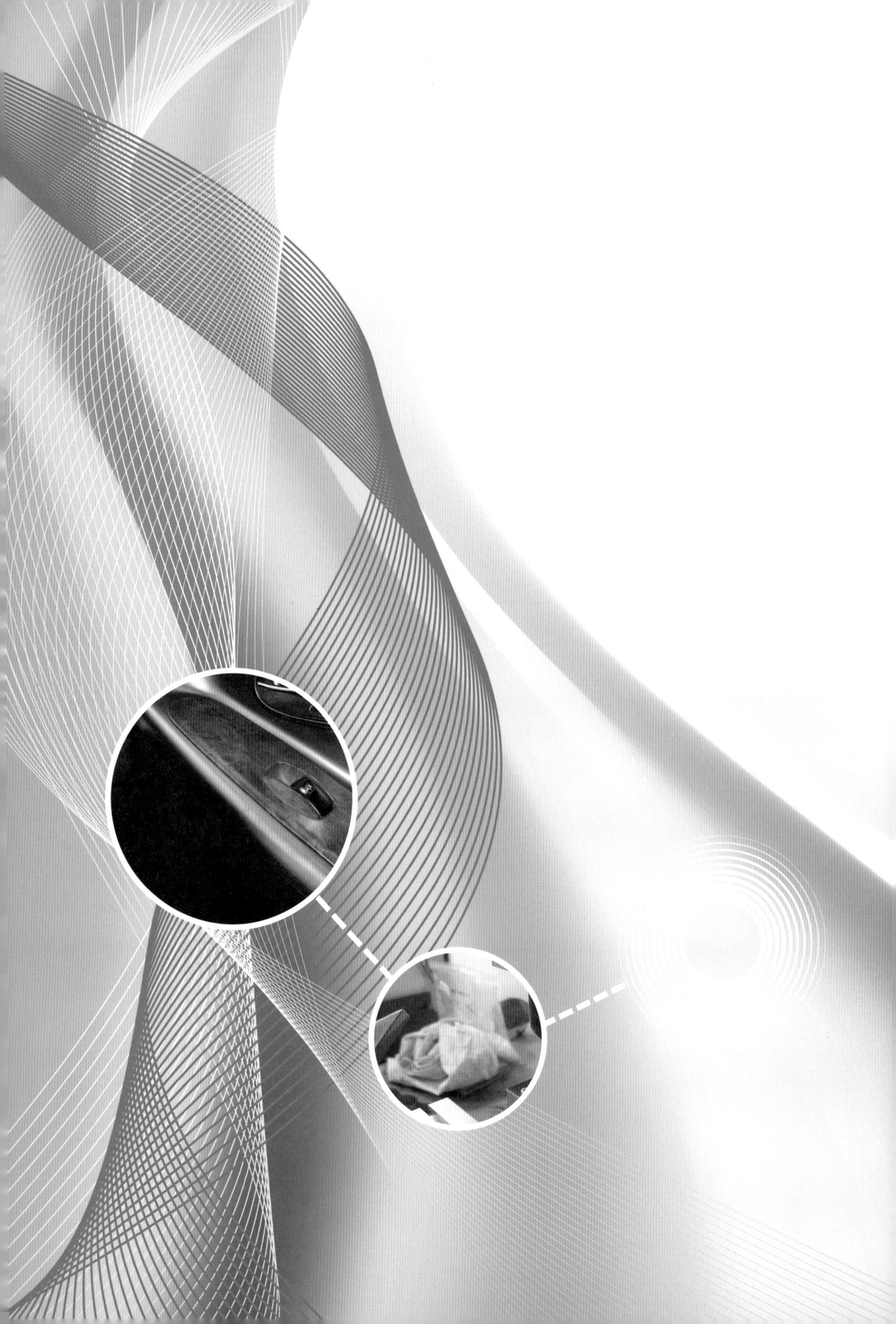

입체물에 하는 인쇄

(1) 곡면 인쇄

(2) 패드 인쇄

(3) 수압전사 인쇄

(4) 플렉소그래피 인쇄

(1) 곡면 인쇄

■ 다양한 입체 인쇄

인쇄는 언제나 평평한 것만을 피인쇄체로 하는 것은 아니다. 이미 제품으로 완성된 입체물에도 인쇄할 수 있다. 입체물의 인쇄방법으로서는 스크린 인쇄를 사용한 곡면 인쇄와 실리콘 패드를 이용한 패드 인쇄 등 직접 입체물의 곡면에 인쇄하는 방법과 우선 전사지에 인쇄하고 그것을 전사하는 방법이 있다.

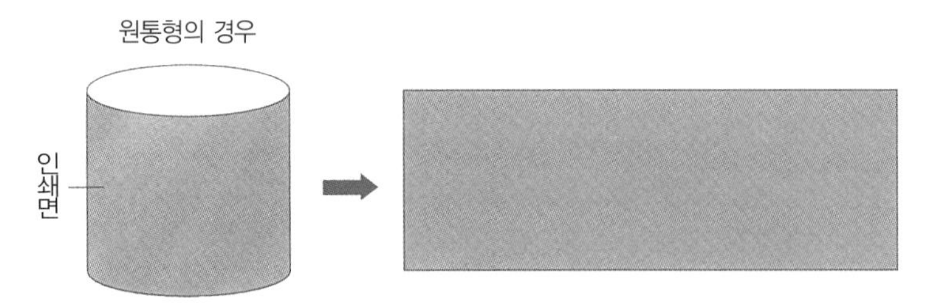

곡면 인쇄의 디자인

■ 곡면 인쇄 방법

곡면 인쇄에 사용하는 스크린 판 자체는 평평하기 때문에 입체 인쇄라고 해도 원통형과 원추형의 입체물의 곡면에만 인쇄할 수 있다.

인쇄방법으로서는 우선 판의 세공(細孔)으로 잉크를 밀어내는 '스퀴지'와 원통형의 피인쇄체를 고정한다. 그리고 피인쇄물을 회전시키고, 그것에 맞추어 평면의 스크린 판을 수평으로 움직여 인쇄를 행한다. 컬러 인쇄도 가능하지만, 사진 등은 거의 사용하지 않으며 일러스트와 문자 등을 주로 사용한다.

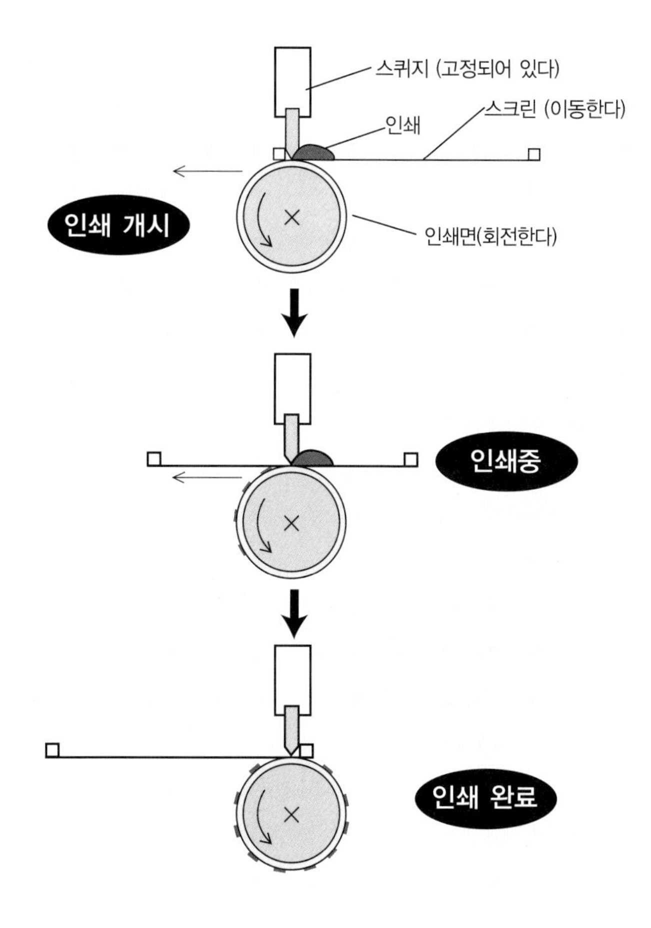

곡면 인쇄의 방법

(2) 패드 인쇄

■ 일상 생활에서 다양하게 사용되고 있다

'패드 인쇄'란, 오목판으로부터 탄력성이 있는 실리콘 패드로 그림을 전이시키고, 요철이 있는 피인쇄체로 재전사하는 인쇄방식이다.
오프셋 인쇄와 스크린 인쇄로는 인쇄할 수 없는 요철면, 둥근 물체, 곡면 등에 인쇄가 가능하다. 스크린 인쇄에 비하여 미세한 선까지 재현 가능한 것이 특징이다. 잉크의 선택 범위도 비교적 넓으므로 피인쇄체도 매우 다양하

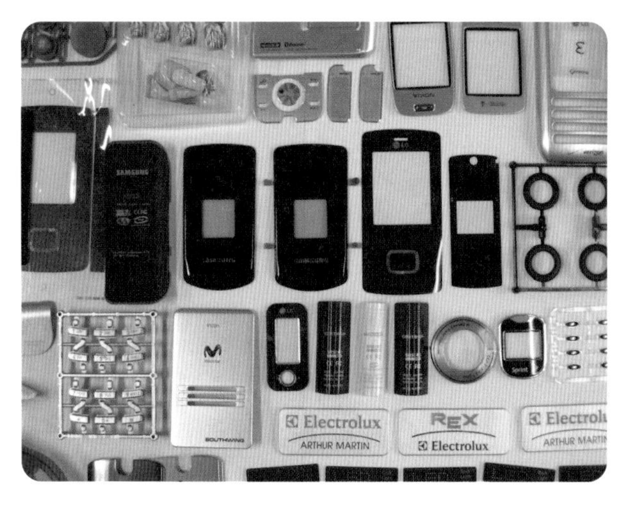

패드 인쇄 제품

다. 현재는 컴퓨터와 키보드, 도자기 등과 자동차 부품 등 생활용품 속에서도 다양하게 패드 인쇄가 사용되고 있는 것을 확인할 수 있다.

■ 크기에 제약이 있다

패드 인쇄에서는 일반적으로 금속의 오목판을 사용하지만, 소량 인쇄의 경우에는 수지판(오목판)을 사용하며 다색인쇄도 가능하다. 판은 두께 약 2mm의 강철판을 사용하며, 이것을 약 0.2mm 정도 부식하여 오목판을 만드는데, 농담 계조(사진 · 회화)가 있는 제판도 가능하다. 둥근 피인쇄체는 중심으로부터 60도까지가 전사가능한 범위이다. 너무 큰 물체의 인쇄는 패드의 제작에 제약이 있기 때문에 적합하지 않으며, 보드의 전면이 180×380mm 정도까지 가능하다.

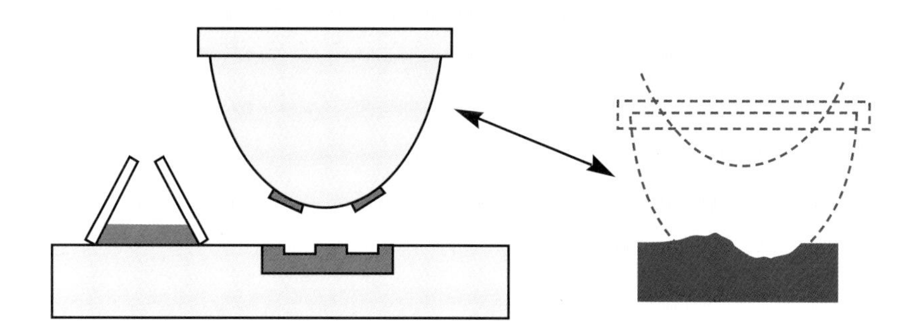

피인쇄물의 곡면에 맞는 탄력성이 있는 패드에 잉크를 부착시켜 인쇄한다.

패드 인쇄 방법

여러 종류의 패드

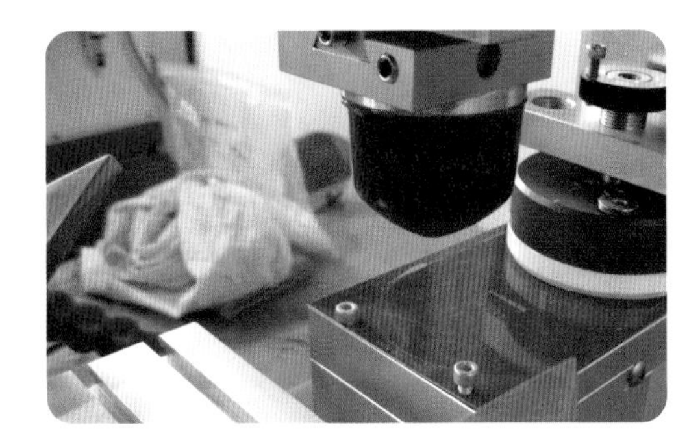

패드 인쇄기

(3) 수압전사 인쇄

■ 수면을 이용한 인쇄법

입체성형물의 인쇄방법에는 앞에서 서술한 곡면 인쇄와 패드 인쇄 외에 수압을 이용한 수압전사 인쇄가 있다. 요철이 있는 복잡한 곡면으로 구성된 입체성형품에도 얼룩없이 컬러 인쇄가 가능한 것이 특징이다. 인쇄가 가능한 소재에는 염화 비닐과 아크릴 등의 플라스틱 제품, 금속 등이 있다.

수압전사 방식

■ 수용성 필름으로 얼룩없이 전사

수압전사 인쇄에서는 우선 수용성 필름에 그라비어 인쇄로 그림 등을 인쇄하고, 그 필름을 물 위에 둔다. 그곳에 복잡한 곡면을 가진 입체성형품을 넣으면 물의 압력으로 필름이 곡면에 부착하게 된다. 필름은 물에 녹고 잉크만이 부착되기 때문에 표면 구석까지 얇은 잉크 막이 부착된다. 건조가 되지 않은 상태이기 때문에 건조를 시킨 후에 표면에 스프레이로 니스를 뿌린다. 다만, 정확한 위치에 부착시키는 것은 어렵기 때문에 균일한 색 또는 같은 패턴이 반복되는 모양만을 인쇄할 수 있다.

수압전사인쇄 인쇄제품

(4) 플렉소그래피 인쇄

■ 플렉소그래피의 어원

'플렉소그래피(Flexography) 인쇄란, 볼록판 방식의 하나로서 유연성(Flexible)이 있는 합성 수지 또는 합성 고무판을 사용하는 인쇄방법이다. 판이 부드러운 것이 특징이며, 잉크는 속건성을 사용한다.

초기에는 아닐린(Aniline)계 염료를 알코올에 용해한 잉크를 사용했기 때문에 '아닐린 인쇄' 라고도 불려졌다. 그러나 아닐린이라는 말에는 '유해' 또는 '독극성' 이라는 의미가 있기 때문에 오해의 소지가 있어 명칭 변경의 필요성이 생겨 1950년대 초 명칭을 바꾸게 되었으며 이후에는 '플렉소그래피' 라고 불리게 되었는데, 영어의 '유연한' 이라는 의미의 'Flex' 로부터 생긴 말이다.

현장에서는 '플렉소 인쇄' 라고도 불려지고 있는데, 이것은 일본에서 유래된 용어로서 플렉소그래피 인쇄가 바른 명칭이다.

플렉소그래피 인쇄에서 사용되는 잉크는 수성잉크, 속건성 알코올계 용제 또는 그 혼합 용제를 사용한 낮은 점도의 액체 잉크가 사용된다.

■ 다양한 제판 방법

플렉소그래피 인쇄의 제판방법은 수조각판, 액상감광성 수지판, 판상감광성 수지판, 레이저 조각판, 주석판 이렇게 5가지의 방법으로 만들어진다. 예전에는 판재로 고무를 사용하였지만, 현재에는 광경화성 수지가 사용되고 있다. 플렉소 인쇄의 인쇄기에는 복잡한 잉크 공급 장치가 없기 때문에 고속인쇄가 가능하다. 그라비어 인쇄와 비교하여 판이 저렴하며 농도가 짙기 때문에 박력 있는 인쇄가 가능하다. 화장지와 여성용품 등의 얇은 종이와 얇은 골판지의 인쇄에 적합하다. 그리고 서양에서는 신문과 패키지 인쇄 등 폭넓게 이용되고 있다.

화장지 인쇄

■ 플렉소그래피 잉크

플렉소그래피 판은 고무 또는 수지이기 때문에 용제에 따라 판이 팽윤, 변질되기 쉬우므로 알코올계 용제의 의존이 크기 때문에 비히클(Vehicle)용

수지 선택의 폭이 좁다. 동시에 피인쇄체인 플라스틱과 잉크와의 접착성의 폭도 좁아진다.

플렉소그래피 잉크는 유동성이 풍부한 증발 건조형 속건성 잉크이다. 잉크가 수용성이기 때문에 판의 부분 수정이 가능하며, 인쇄의 로스가 적으며 소량 인쇄에 적합하기 때문에 이 인쇄 방식의 사용은 나날이 증가하는 추세이다.

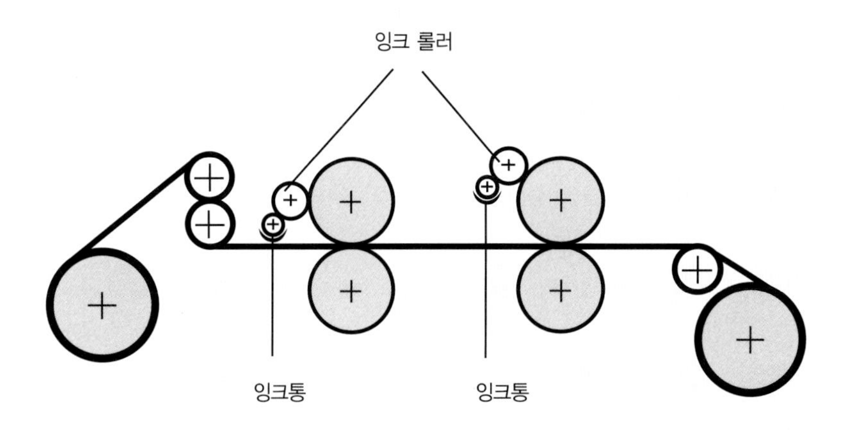

플렉소그래피 인쇄 방법

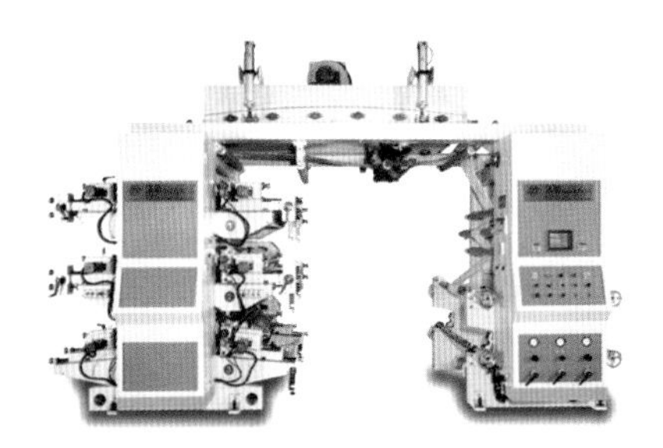

플렉소그래피 인쇄기

100
대한민국 KOREA

특수 기능이 요구되는 인쇄

(1) 실사 인쇄

(2) 카드류 인쇄

(3) 바코드 인쇄

(4) 섀도마스크 – 정밀 전자 부품

(5) 포토마스크 – 집적회로

(6) 지폐 인쇄

(7) 우표 인쇄

(8) 라벨 인쇄

(9) 전산폼 인쇄(비지니스 인쇄)

(1) 실사 인쇄

■ 대형 포스터의 제작

요즘 백화점 벽면에 가득히 펼쳐져 있는 포스터가 많이 눈에 띄는데, 예전에는 이렇게 큰 광고물은 제조방법이 복잡하고, 고비용이었기 때문에 흔하게 사용되지는 않았다. 하지만, 요즘은 실사 인쇄(또는 NECO 인쇄)라고 불리는 인쇄방법으로 인하여 손쉽게 제작할 수 있게 되었다.

NECO 인쇄의 NECO란, New Enlarging Color Operation의 머릿글자를 딴 것이며, 컴퓨터를 사용한 잉크젯 방식의 대형 사이즈용의 인쇄방법이다. 개인용 컴퓨터의 프린터가 커졌다고 생각하면 이해가 쉬울 것이다.

잉크젯 방식은 비접촉 인쇄로서 잉크젯 플로터(Plotter)와 노즐 등으로 액체 잉크를 미세한 입자로 하여 날려 종이에 화상을 기록하는 방식이다.

■ 실사 인쇄의 제작공정

실사 인쇄의 제작공정은 보통의 인쇄와 유사하다. 우선 포스터로 만들 컬러 원고를 스캐너로 입력하여 디지털 데이터화한다. 다음으로 거대한 드럼에 감겨져 있는 천과 종이에 적, 청, 황, 검정의 노즐로부터 잉크를 분사하여 인쇄한다. 벽면을 스프레이로 칠하는 듯한 느낌이기 때문에 거칠 수도 있다고 생각되지만, 잉크젯의 노즐이 굉장히 미세하기 때문에 섬세한 부분까지 재현이 가능하다.

실사 인쇄의 경우에는 일반 인쇄물처럼 대량으로 인쇄하는 것이 아니라 1매씩 제작하는 것이 보통이다.

■ 광고의 가능성을 넓히다

인쇄에 사용하는 소재는 종이, 천, 벽지, 플라스틱 필름 등이 있다. 옥외에 전시하는 경우에는 종이보다 내절성, 내구성이 강한 천 등이 많이 사용되고 있다. 더 강한 소재가 필요할 경우에는 천의 표면에 특수 처리를 하거나, 플라스틱 필름을 사용하면 된다.

실사 인쇄는 주로 옥외의 대형 현수막과 실내장식 패널 등 대형 컬러 인쇄물에 사용되고 있다.

사용재료, 내광성(耐光性), 전시방법 등에 관해서는 인쇄 전에 조율이 필요하며, 마무리 사이즈를 정하고 나서 제작용 원고를 만든다. 기본 사이즈는 소재가 감겨져 있는 드럼의 관계로부터 3×4m 정도이지만, 계속해서 잇대는 것으로 무한으로 사이즈의 확대가 가능하다

실사 인쇄는 보통의 프린터로 출력할 수 있는 것이면 인쇄가 가능하기 때문에 지금까지 소개한 다양한 인쇄방법과 병행하여 사용할 수도 있다.

실사 인쇄

(2) 카드류 인쇄

■ 자기카드

1970년경부터 등장한 자기카드는 은행의 현금카드, 신용카드, 지하철 정기권, 전화카드 등 다양한 곳에서 이용되고 있다. 현금카드, 신용카드 등 두꺼운 플라스틱 카드는 지지체의 표면에 스크린 인쇄 방식 등으로 인쇄하여 그 위에 투명한 염화비닐이 씌워져 있다. 더욱이 카드의 표면과 뒷면에 자기 테이프를 라미네이팅 처리 또는 자기 스트립(Stripe)을 전사하고 있다.
얇은 체크 카드 등에서는 종이와 폴리에스테르가 지지체가 되어 있으며, 그 위에 자기층을 도포하고 있다. 인쇄는 지지체가 되는 소재에 행하며, 그 양면에 보호층 등을 코팅한다.
인쇄 방법으로서는 스크린 인쇄방식, 그라비어 인쇄방식, 오프셋 인쇄방식이 사용되고 있다.

자기카드

■ IC카드

자기 카드보다도 정보량이 많으며, 더 저렴한 카드로서 IC 카드가 있다. IC 카드의 특징으로는 우선, 자기 스트립에서는 약 80문자 분의 정보만이 저장 가능했지만, 대용량의 마이크로칩에 의하여 8천 자 분량의 정보를 기록할 수 있게 되었다.
두 번째로 연산기능이 부가 가능하다는 점이다. 카드 자체가 예금통장의 역할을 할 수도 있다는 것이다. 세 번째로는 기억된 정보의 검색이 어렵기 때문에 보다 보안기능이 뛰어나다는 점이다. 이처럼 IC 카드의 장점이 많기 때문에 머지 않아 여러 분야에서 폭 넓게 사용될 것이다.

IC 카드

■ 카드의 제작

카드를 만들기 위해서는 먼저 카드 도안을 필름상태로 바꾸고 이 필름을 이용해 인쇄를 할 수 있도록 제판작업을 한다. 그리고 오프셋 방식으로 인쇄를 하며, 필요에 따라 다시 스크린 인쇄 과정을 거치게 된다. 인쇄가 완료된 시트는 낱장으로 0.1mm~ 0.16mm 두께의 매우 얇은 형태이기 때문에 각 장의 시트를 가지런히 정돈해 접점접착을 하게 된다. 이것을 정합이라고 한다. 정합된 시트는 다시 라미네이팅 공정을 거치는데 열과 압력을 가해서 1장으로 녹여 붙인다. 라미네이팅 공정을 거쳐야 각 시트 사이가 벌어지는 박리현상을 없앨 수 있다. 이어 30장 단위로 레이아웃이 잡혀 있는 시트에서 각각의 카드로 따내는 작업을 해야 하는데 이 공정을 펀칭이라고 한다. 펀칭을 통해 카드가 시트로부터 분리되면 비로소 카드의 외형이 잡히게 된다.

그리고, 카드의 디자인상 전면에 홀로그램이나 후면에 사인 판넬을 추가로 부착한다. 이후 제조사의 요청에 따라 IC, 콤비, 하이브리드 등의 카드를 거래처의 요구에 의해 칩의 종류를 선택하고 제품을 가공하는 작업을 거친 후, 밀링 공정을 통해 카드상에 홈이 파여지면 해당 칩을 이 홈에 삽입한다. 이 과정을 본딩 공정이라고 한다. 각 공정작업을 마친 제품들은 거래처의 요구수준에 맞춰 최종검사를 실시한 뒤 포장 출하한다.

(3) 바코드 인쇄

■ 판매 관리, 물류에 꼭 필요

바코드(Bar Code)는 정보를 기계로 읽어낼 수 있도록 한 막대 모양의 부호인데, 여러 개가 평행으로 늘어선 막대의 기호 폭, 간격, 길고 짧음에 따라 정보를 표시하는 방법으로 이미 일반화 되어 있으며, 상품에 반드시 인쇄되어 있는 정보이다. 바코드에는 상품과 가격 등에 관한 정보가 들어가 있으며, 마트와 편의점에서는 이 바코드를 레이저 스캔 등으로 정보를 읽어들이고 있다.

그 정보는 계산대에서 집계 업무의 정보화와 계산 착오 등의 문제를 해결하는데 매우 유용하게 사용되고 있다. 또한, 상품의 판매 동향이 파악가능하며, 물건의 보충과 불량 재고의 감소 등의 관리에 큰 도움이 된다.

바코드는 POS 시스템(판매 시점 정보 관리 시스템)과 VAN(부가가치통신망), 물류 시스템 등과 연동하여 급속도로 보급되어왔다.

바코드 인쇄는 오프셋 인쇄 뿐만 아니라 그라비어 인쇄와 볼록판 인쇄도 가능하다.

바코드

■ 표시 형식이 복수

바코드는 평행으로 되어 있는 복수의 선으로 선의 폭, 간격에 따라서 정보를 1차원으로 표현하고 있기 때문에 스캐너가 바르게 읽어들일 수 있도록 인쇄할 필요가 있다. 따라서 인쇄자체에는 특수한 기술이 있지는 않지만, 미크론 단위의 인쇄 기술이 요구된다.

바코드 표시 형식에는 한국의 KS규격과 국제 규격이 있다. 그리고 인쇄방식에 의하여 기준 수치에는 0.8배로부터 2배까지의 크기로 사용되고 있다.

바코드 선 밑에 인쇄되어 있는 숫자 중에서 처음 두 자리 수는 국가 코드를 이야기 하며, 한국은 880이다. 그리고 회사명 코드번호, 상품 코드번호, 오독 점검번호순로 되어 있다.

바코드

잘못 읽혀지는 것을 피하기 위하여 바코드는 수치 오차의 범위, 색 등 세세한 부분까지 정해놓고 있다.

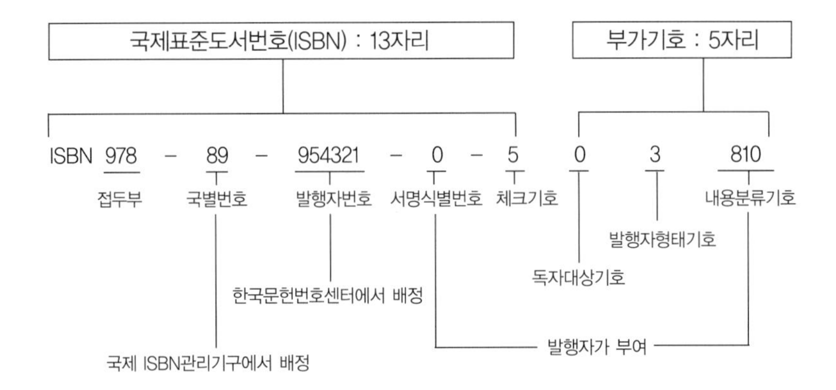

바코드 읽는 법 (ISBN)

(4) 섀도마스크-정밀전자부품

■ 브라운관을 인쇄로 만든다

TV에 컬러 영상을 보이게 하는 곳에도 인쇄기술이 사용되고 있다. 브라운관은 전자총으로부터 발사되는 전자 빔이 브라운관 패널 내측에 일정하게 도포되어 있는 RGB의 3원색의 형광체를 발광시키는 것으로 컬러 화상을 재생시키고 있다. '섀도마스크 (Shadow Mask)' 는 이 전자 빔을 형광체 상에 바르게 인도하여 색과 화상을 만들어내는 중요한 역할을 하고 있다. 이 섀도 마스크를 만드는 과정에 인쇄기술이 응용되고 있다. 섀도마스크는 두께 0.1~ 0.3mm의 얇은 강판에 직경 0.17~ 0.35mm 정도의 작은 망점을 수십 개로부터 수백 개를 균일하게 얼룩없이 인쇄하지 않으면 안된다. 이런 작은 망점은 기계적인 가공으로는 불가능하기 때문에 포토에칭의 금속부식기술이 사용되고 있다.

■ 섀도마스크의 제조공정

섀도마스크의 원화는 실제 마무리 규격의 몇백 배의 크기로 앞면과 후면용의 2가지를 만든다. 이것을 원치수대로 축소하여 원판을 완성시킨다.

다음으로, 원판의 포지티브 필름을 레지스트 마크를 칠한 섀도마스크용 강판의 앞과 뒤의 양면에 밀착시키고 노광한다. 망점이 되는 부분은 광이 닿지 않고 그 주위부는 레지스트 막이 감광하여 경화된다. 레지스트 막을 제거하는 부식액을 칠하면 망점부분만 녹아내린다. 양면을 모두 부식시키면 망점을 관통하여 섀도마스크가 완성된다.

■ 망점의 크기도 다르다

섀도마스크의 망점은 강판의 표면보다도 가운데 쪽이 직경이 더 작게 되어 있다. 이것은 전자 빔이 형광판에 닿았을 때에 광이 확산되어 난반사되지 않도록 하기 위함이다. 그 외에도 수많은 전자부품이 인쇄기술을 이용하여 만들어지고 있다. 노트북에 사용되고 있는 컬러 액정 디스플레이의 컬러 필터와 TV 화상의 화질 · 뒤틀림 · 어긋남 등을 조정하는 테스트 패턴 등도 인쇄기술에 의하여 만들어지고 있다.

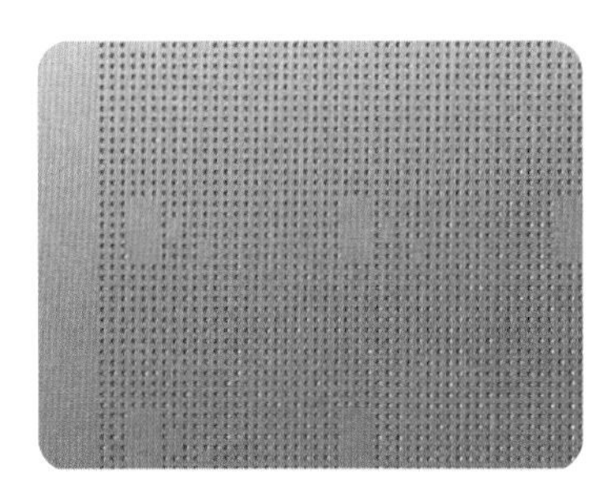
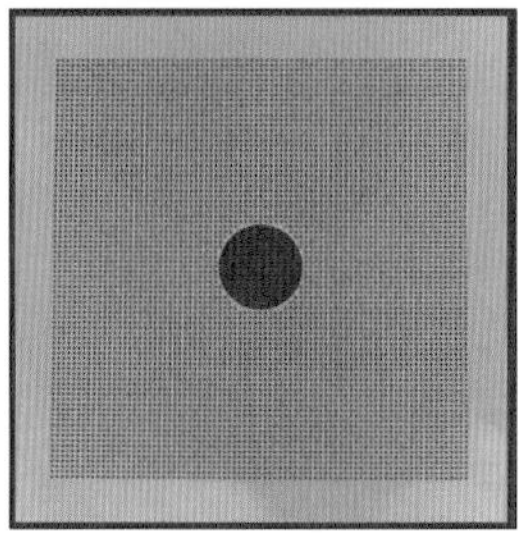
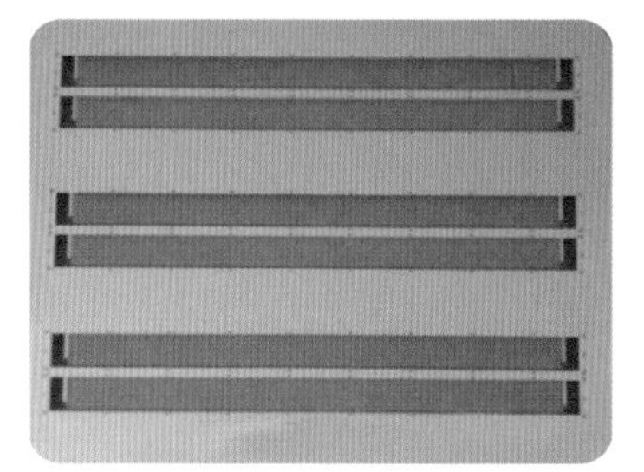

섀도마스크

(5) 포토마스크 - 집적회로

■ 정밀도가 생명

'포토마스크(Photomask)' 는 IC(Integrated Circuit), LSI(Large Scale Integration) 등의 반도체 집적회로의 마이크로 칩을 생산하기 위해 사용된다. 이것은 현재 모든 분야의 전자 장치에 사용되고 있는 중요한 전자 회로 부품의 하나로 되어 있다.

집적회로는 상당히 작으며 정밀하다. 포토마스크 라인 하나에 수백선의 전기회로가 들어가 있으며, 하나의 LSI를 만들기 위해서는 다른 형태의 마스크가 10매 정도 필요하다. 이들를 중첩해야만 집적회로가 완성된다. 따라서 선의 굵기는 1미크론 정도의 두께밖에 되지 않는다.

■ 포토마스크의 제조 공정

반도체를 만들기 위해서는 우선 섀도와 같은 수백배 크기의 회로 패턴을 그린 원판을 만들고, 이것을 유리 기판 위에 축소해서 원판을 만든다. 이것이 포토마스크이다. 한편, 실리콘의 단결정체인 실리콘웨이퍼(Siliconwafer)의 표면을 연마하여 매끄럽게 하고, 표면에 산화막을 만든다. 그 표면에 포토레지스트를 균일하게 도포한다. 이렇게 해서 생긴 실리콘웨이퍼 위에 포토마스크에 그려진 회로를 굽는다. 노광이 끝난 실리콘웨이퍼는 에칭 처리를 하고, 불필요한 레지스트를 없앤다. 결국, 실리콘웨이퍼에 이온 주입과 고온 확산을 행하면 실리콘이 나와 있는 부분만이 반도체가 되는 것이다.

■ 액정용 대형 포토마스크도 제조

그리고, 반도체 뿐만 아니라 액정용 디스플레이의 TFT형성과 SNT전극 패턴 형성, 컬러 필터의 패턴형성에는 대형 포토마스크가 사용된다. 어떤 것이나 최첨단 초미세인쇄가공 기술이 응용되고 있다.

(6) 지폐 인쇄

■ 조폐공사에서 제조

지폐 인쇄에는 그 나라의 최고 수준의 인쇄 기술이 이용되고 있다고 해도 과언이 아니다. 그 이유는 사용 특성상 절대로 위조가 되어서는 안 되기 때문이다. 한국에서 지폐를 만들고 있는 곳은 한국은행 부설의 조폐공사라는 곳에서 만들어지고 있다.

우리나라의 지폐수는 1970년대초 8개(500, 100, 50, 10, 1원 및 50, 10전)에 달했으나, 현재는 4개(1000, 5000, 10000, 50000원)으로 되어 있다. 색상은 천원권은 자색, 오천원권은 갈색, 만원권은 녹색 오만원권은 황색으로 시각적인 면을 강조하여 색상으로도 구분이 용이하게끔 되어 있다.

한국의 지폐 제조 기술은 세계적으로도 선진국 수준이어서 아시아의 각국으로 지폐 인쇄물을 수출도 하고 있다.

은행권의 디자인은 주제, 색상, 문양으로 구성되며 문화와 전통 등 국가의 특성을 살릴 수 있는 도안으로 디자인이 되므로 화폐는 곧 그 나라의 얼굴이고, 국민정서의 표상이며, 문화수준의 척도라 할 수 있다. 현재 유통되고 있는 지폐 안에 도안되어 있는 문화재 및 인물은 다음과 같다.

· 5만원권 - 신사임당, 묵포도도, 초충도수병, 월매도, 고구려 고분 벽화

· 만원권 - 세종대왕, 일월오봉도, 용비어천가, 혼천의(渾天儀), 천상열차분야지도(天象列次分野地圖), 천체망원경(보현산 천문대)

· 5천원권 - 이이, 오죽헌과 오죽, 초충도

· 천원권 - 이황, 명륜당(明倫堂)과 매화, 계상정거도(溪上靜居圖)

■ 지폐의 제조공정

우선 디자인 작업에 있어서 지폐의 구성요소인 소재, 문양, 색채, 크기, 문자, 규격, 위 · 변조 방지요소 등을 구체적으로 형상화하여 디자인을 확정하고 원도를 만든다.

은행권 용지를 만드는 과정은 크게 지료조성과정, 초지공정, 검사, 포장공정으로 나뉜다. 은행권 용지의 원료는 '노일'이라는 면섬유로 '노일'이란 방직공장의 최종 공정에서 발생되는 양질의 면섬유를 말하며 목재펄프에 비해 재질이 우수하여 은행권 용지제조에 사용된다.

잉크는 일반 잉크가 아닌 특수 잉크를 사용한다. 디자인된 도안을 제판 기술을 이용하여 각 인쇄방식에 맞는 인쇄판을 만든다. 지폐의 바탕무늬나 패턴은 평판으로 인쇄를 하며, 위조방지를 위한 디자인 부분과 액면 등의 중요한 부분은 오목판 인쇄를 사용한다. 이렇게 일반적인 공정이 끝나면 인물초상, 문자, 인쇄상태, 색상 등 품질을 철저하게 검사하고, 검사를 통과한 인쇄물들은 은행권의 번호, 인장 또는 서명을 인쇄하게 된다.

■ 위조방지기술

각국의 지폐는 나름대로의 위폐 방지를 위하여 다양한 기술들을 지폐 제조에 사용하고 있는데, 한국의 위폐 방지 기술은 다음과 같다.

컴퓨터 관련기기의 성능향상으로 인하여 위조가 급증하고, 정교해지는 상황에 대응하여 홀로그램, 색변환 잉크, 요판잠상 등 첨단 위조방지장치를 대폭 확대하고 디자인 면에서도 위조하기에 어려운 예술적 세련미의 문자와 숫자, 총재직인, 점자 등을 사용하고 있다.

은행권의 크기 또한 선진국 수준으로 축소되어 쓰기에 편리해졌으며 소재면에 있어서는 초상인물은 그대로 유지되었으나 여타 소재는 과학, 미술, 사상 등을 나타내는 다양한 소재가 채택되고 참신한 바탕무늬가 사용되는 등 도안 이미지가 복합화 되었다.

오천원권은 2006년 1월 2일 발행되었으며, 만원권 및 천원권은 2007년 1월 22일에 발행되었다. 그리고, 2009년 6월에 오만원권이 발행되었다. 현재 유통되고 있는 오만원권, 만원권, 오천원권, 천원권의 은행권 용지로서 인쇄적성(適性) 및 제지조건을 감안 정위치에 은화를 삽입한 유색지(有色紙)이며 형광은사(螢光隱絲)를 혼입한 용지이다.

① 제지에 따른 위조 방지 기술

· 은화 : 숨은 그림이라고도 하는데, 은행권 용지제조시에 만들어진다. 화폐를 빛에 비추어보면 육안으로 확인할 수 있다.

· 돌출은화 : 요판인쇄로 형압을 강화한 것으로 문양이나 문자를 빛에 비추어 보지 않고 육안으로도 볼 수 있으며, 앞뒷면 분리를 어렵게 만든다.

② 인쇄기술에 따른 위조 방지 기술

· 광간섭 무늬 (Moire Pattern) : 기하학적으로 규칙적인 분포로 된 점 또는 선을 겹쳤을 때 생기는 물결무늬 형태의 간섭무늬로, 국내 은행권의 경우 앞면 부분에 복사기를 이용하여 위조할 경우 왼쪽의 숨은 그림이 빛의 간섭현상으로 부분적인 색 변화와 물결모양의 무늬가 생성된다.

· 앞뒤판 맞춤 (See Through) : 일정 패턴을 앞면과 뒷면에 분할하여 디자인된 패턴으로서 밝은 빛에 비춰 보았을 때 앞 · 뒷면이 정확히 일치하도록 정밀 인쇄된 문양. 우리 은행권 앞면 초상화 왼쪽 윗부분에 동그란 태극문

양이 있는데, 밝은 빛에 비추어보면 앞면과 뒷면의 그림이 일치하여 정확한 태극 문양이 만들어진다.

· 미세문자 (Micro Lettering) : 육안으로는 식별이 어렵도록 인쇄된 아주 작은 문자(0.3~0.5mm 이하)로 확대경 등으로 확대하여 관찰하면 확인 가능하며, 만원 뒷면 해시계 위쪽에 10000이라고 작은 글씨로 인쇄되어 있다.

· 요판 인쇄 (Intaglio Printing) : 오목으로 되어 있는 인쇄판에 잉크를 채워, 종이에 인쇄하여 볼록형의 잉크층을 이루게 하는 기법으로 글자나 문양 등을 볼록하게 인쇄하는 기법. 인쇄지에 나타난 화면(인쇄된 부분)은 잉크가 돌출되어 있으므로 촉각으로도 쉽게 식별할 수 있을 뿐만 아니라 세선이나 농도가 짙은 인쇄효과를 풍부하게 얻을 수 있다.

· 요판잠상(Intaglio OVD Latent Image) : 일정한 각도로 조각되어 감추어진 문자나 문양으로서 빛에 비스듬히 각도를 달리 비쳐보면 숨은 그림이 나타나는 요판 인쇄기법으로 만원권 우측 끝 인쇄부분을 비스듬한 각도에서 자세히 관찰하여 보면 요판잠상 기법으로 인쇄된 '10000' 이라는 숫자가 나타난다.

③ 잉크에 따른 위조 방지 기술

· 광가변성 잉크 (Optical Variable Ink) : 보는 각도에 따라 색상이 다르게 보이는 잉크.

· 홀로그램 (Hologram) : 물체에서 회절을 받은 광파와 간섭성이 있는 다른 광파를 간섭시켜서 생긴 간섭 줄무늬를 재료에 기록하는 것으로 다른 OVD에 비하여 효과가 떨어지나 보는 각도에 따라 다양한 다른 문양으로 나타나고 복사를 하면 단일 문양으로만 재현된다.

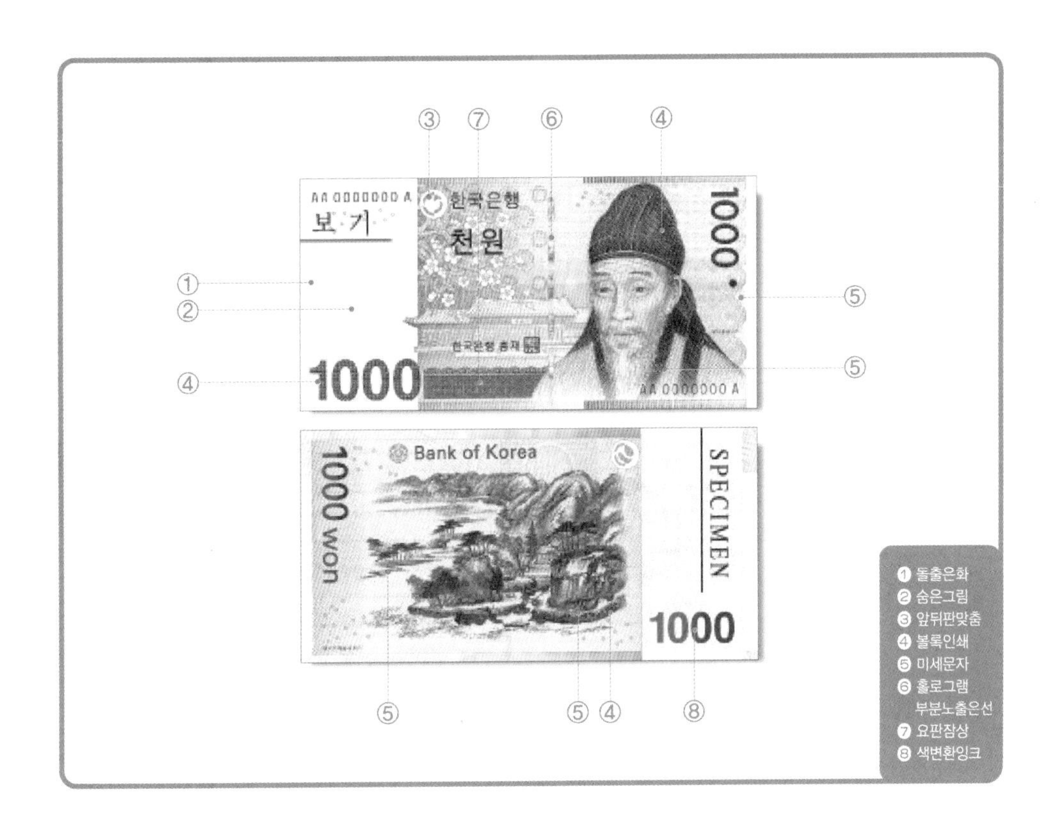

❶ 돌출은화
빛에 비추어 보지 않아도 액면 숫자 '1000'을 숨은 그림 옆 쪽에서 확인 할 수 있음

❷ 숨은그림
앞면 왼쪽(뒷면 오른쪽)의 그림이 없는 부분을 빛에 비추어 보면 숨겨져 있는 퇴계 이황 초상이 보임

❸ 앞뒤판맞춤
숨은 그림 옆 위쪽의 동그라미 무늬를 빛에 비추어 보면 태극무늬가 보임

 +  = 

❹ 볼록인쇄
앞면 퇴계 이황 초상, 문자 및 숫자, 뒷면 계상정거도와 문자와 숫자는 볼록인쇄를 하여 만져보면 오톨도톨한 감촉을 느낄 수 있음

❺ 미세문자
육안으로 확인하기 어려운 미세문자 '1000' 또는 'BANK OF KOREA'를 퇴계 이황 초상 옷깃 부분, 계상정거도 그림 속, 바탕문양, 문살 등에서 찾아 볼 수 있음

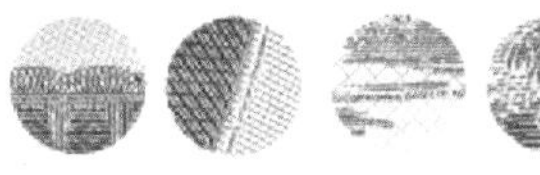

❻ 홀로그램 부분노출은선
앞면 중앙에 부분적으로 숨겨져 있는 필름띠 속에 홀로그램 처리를 하여 보는 각도에 따라 문자나 숫자가 나타남

❼ 요판잠상
비스듬히 기울여 보면 숨겨져 있는 문자 'WON'이 나타남

❽ 색변환잉크
보는 각도에 따라 액면 숫자의 색깔이 녹색에서 청색으로 변함

1000 1000

천원권과 위조 방지 장치

❶ 돌출은화
육안으로 액면 숫자 '5000'을 숨은 그림 옆 쪽에서 확인 할 수 있음

❷ 숨은그림
앞면 왼쪽(뒷면 오른쪽)의 그림이 없는 부분을 빛에 비추어 보면 숨겨져 있는 율곡 이이 초상이 보임

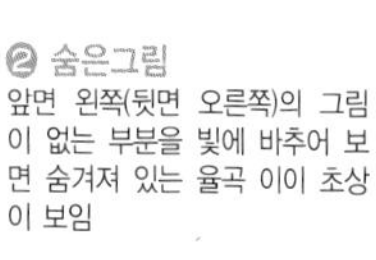

❸ 앞뒤판맞춤
숨은 그림 옆 위 쪽의 동그라미 무늬를 빛에 비추어 보면 태극무늬가 보임

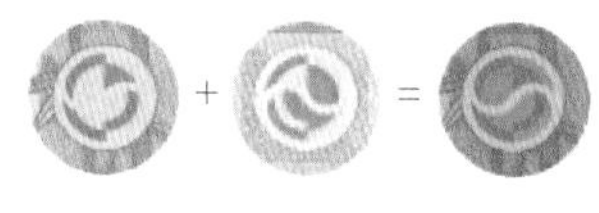

❹ 볼록인쇄
앞면 율곡 이이 초상, 문자 및 숫자, 뒷면 수박 그림, 문자와 숫자는 볼록인쇄를 하여 만져보면 오톨도톨한 감촉을 느낄 수 있음

❺ 숨은 막대
가운데를 빛에 비추어 보면 가로로된 숨은 막대 3개가 나타남

❻ 미세문자
육안으로 확인하기 어려운 미세문자 '5000' 또는 'BANK OF KOREA'를 율곡 이이 초상 옷깃 부분, 초충도 풀잎, 초상 오른쪽 지문, 뒷면 조각보에서 찾아 볼 수 있음

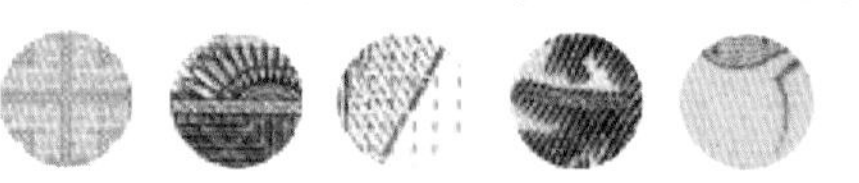

❼ 홀로그램
보는 각도에 따라 우리나라 지도, 태극과 숫자 '5000', 4괘가 번갈아 나타남

❽ 요판잠상
비스듬히 기울여 보면 숨겨져 있는 문자 'WON'이 나타남

❾ 숨은은선
앞면 초상 오른쪽에 숨어 있는 띠를 빛에 비추어 보면 작은 문자가 보임

한 국 은 행 BANK OF KOREA 5000

❿ 색변환잉크
보는 각도에 따라 액면 숫자의 색깔이 황금색에서 녹색으로 변함

5000 5000

5천원권과 위조 방지 장치

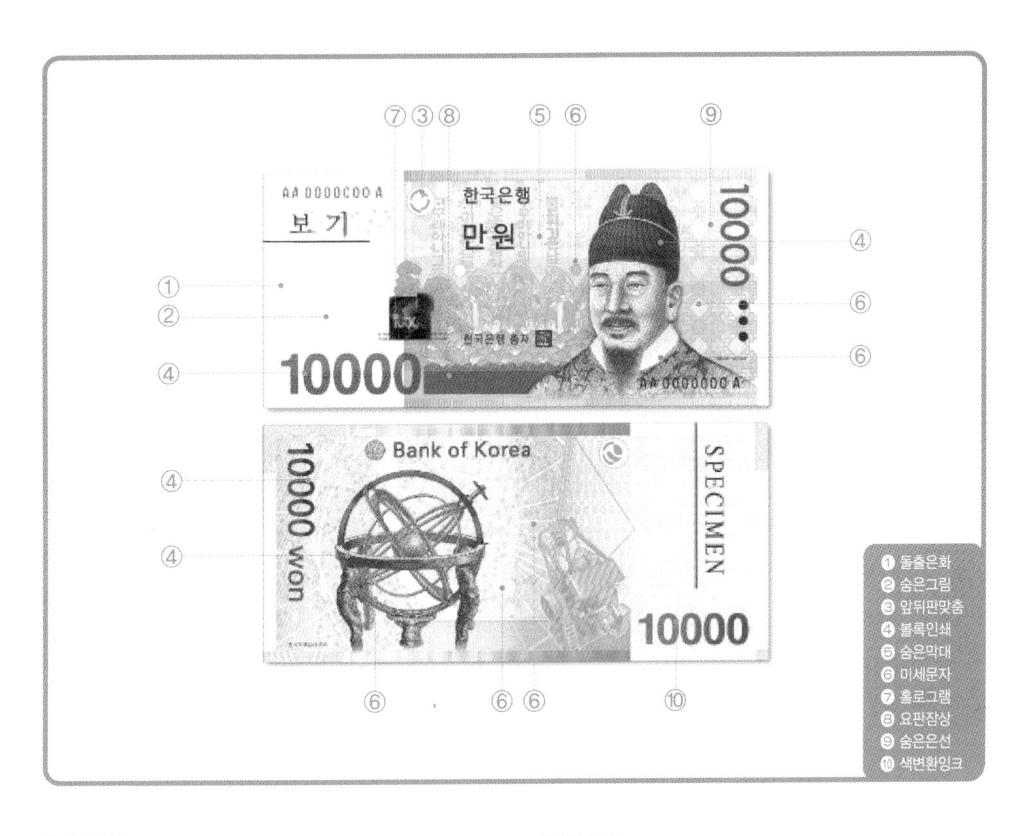

❶ 돌출은화
육안으로 액면 숫자 '10000'을 숨은 그림 옆 쪽에서 확인 할 수 있음

❷ 숨은그림
앞면 왼쪽(뒷면 오른쪽)의 그림이 없는 부분을 빛에 비추어 보면 숨겨져 있는 세종대왕 초상이 보임

❸ 앞뒤판맞춤
숨은 그림 옆 위쪽의 동그라미 무늬를 빛에 비추어 보면 태극무늬가 보임

❹ 볼록인쇄
앞면 세종대왕 초상, 문자 및 숫자, 뒷면 혼천의와 문자, 숫자는 볼록인쇄를 하여 만져보면 오톨도톨한 감촉을 느낄 수 있음

❺ 숨은 막대
가운데를 빛에 비추어 보면 가로로된 숨은 막대 2개가 나타남

❻ 미세문자
육안으로 확인하기 어려운 미세문자 '한글 자모음', '10000' 또는 'BANK OF KOREA'를 세종대왕 초상 옷깃, 혼천의 중앙, 해,문살 등에서 찾아 볼 수 있음

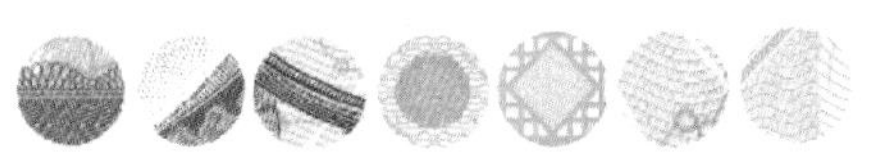

❼ 홀로그램
보는 각도에 따라 우리나라 지도, 태극과 숫자 '10000', 4괘가 번갈아 나타남

❽ 요판잠상
비스듬히 기울여 보면 숨겨져 있는 문자 'WON'이 나타남

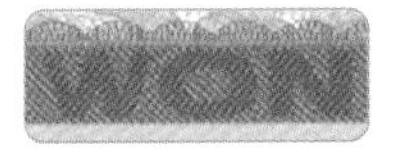

❾ 숨은은선
앞면 초상 오른쪽에 숨어 있는 띠를 빛에 비추어 보면 작은 문자가 보임

한 국 은 행 BANK OF KOREA 10000

❿ 색변환잉크
보는 각도에 따라 액면 숫자의 색깔이 황금색에서 녹색으로 변함

10000 10000

만원권과 위조 방지 장치

(7) 우표 인쇄

■우표 인쇄의 특징

현재 우리가 사용하는 우표의 형태는 1840년 5월 6일 영국인 로랜드 힐(Rowland Hill)에 의해서 세계 최초로 발행되었다.

하나의 우표가 탄생하기 위해서는 많은 과정을 거치게 된다. 그 중 첫단계가 우표 심의이다. 우표 심의란 우취(우표수집), 역사, 문화, 예술, 언론, 디자인 등 각계각층의 대표적인 전문가로 구성된 '우표심의위원회'가 한 해에 발행될 우표 소재를 선정하는 것으로 국가를 상징하는 표상물, 자생하는 동·식물, 문화재 등 시리즈 우표 소재와 각 기관 및 협회 등으로부터 접수된 기념이 될만한 행사는 물론 특별소재의 경우 우정사업본부에서 자체 발의하게 된다.

이렇게 심의를 통하여 계획이 결정되면, 담당자들의 세심한 자료수집 및 확인 후에 본 작업에 들어가게 된다.

우표에 표현되는 이미지는 한 국가의 문화, 역사, 전통 예술의 상징적인 역할을 한다고 볼 수 있다. 따라서 조금이라도 실수가 있으면 안 되기 때문에 전문가에게 자문을 거치고, 몇 번의 수정 및 보완을 거치게 된다. 수정과 보완을 통해 디자인 심의와 기술적 문제를 검토해 판정이 나면 최종적으로 우표 원도를 확정하고 인쇄에 들어가게 된다.

■ 우표의 인쇄

우리나라의 모든 우표는 한국조폐공사 경산조폐창에서 인쇄되고 있다. 우표 인쇄는 그라비어 인쇄방식(70%), 평판 인쇄방식(10%), 요판 인쇄방식(10%), 평판+요판 인쇄방식(10%)으로 다양한 인쇄방식이 채택되고 있으며, 그 비율 면에서 주종을 이루고 있는 그라비어 인쇄방식이 우리나라 우표의 대표 인쇄방식으로 꼽히고 있다.

무엇보다도 그라비어 인쇄방식으로 우표를 제작할 경우, 우표원도의 데이터를 컴퓨터에서 색분해한 후 인쇄적성에 맞도록 수정하고 동실린더에 자동 조각하여 그라비어 인쇄기계에서 우표를 제작하는 방법으로 천공은 인쇄와 동시에 완료되며 색상을 부드럽게 재현시켜주는 장점이 있다.

우표는 대부분 2종류로 나뉘어지는데, 보통우표와 기념우표로 나누어진다. 일반적으로 모양은 사각형을 하고 있다. 그러나 디자인 형태와 우표에 담고자 하는 의미에 따라 마름모꼴 모양으로 원형으로 6각형으로 여러 가지 모양의 우표가 제작 가능하다.

우리나라 우표

(8) 라벨 인쇄

■ 라벨의 역사와 의미

'라벨(Label)' 의 사전적 의미는 '상품명 및 상품에 관한 여러 가지 사항을 표시한 종이나 헝겊 조각' 이다. 라벨이라는 용어를 우리말로 번역하면 쪽지, 꼬리표, 부전(附箋)이라고 하는데 주로 상품 용기나 포장물 등에 붙인다. 라벨에는 특정 상품에 대한 내용, 품질, 성분, 원자재, 규격, 용량, 제조 연월일, 제조 및 판매원, 사용방법 등이 기재된다. 이는 상품에 대해 올바른 정보를 얻고자 하는 소비자의 요구에 부응하고자 하는 목적도 있지만, 현재는 재화의 효용가치를 극대화 시키는 것은 물론, 특정 재화에 대한 광고 및 선전의 한 요소로서도 작용할 만큼 라벨의 기능이 다양화되었다.
우리나라 라벨 인쇄의 기원은 1945년 해방이후로 거슬러 올라가, 일제가 패망하고 떠나가면서 라벨 인쇄기술이 전수되었다는 이야기가 전해질 뿐, 정확한 기원을 찾을 수는 없다.
현재 일본이 1894년(명치 27년)에 목조인쇄기계로 왕과 왕세자의 명함을 만든 것이 라벨 인쇄의 기원으로 보는 견해가 지배적이다.
일본이 라벨다운 라벨을 만들기 시작한 것은 그로부터 27년 후인 1921년이다. 라벨의 기능과 가치를 예상하기 시작한 일본은 이 시기에 독일로부터 실링(Sealing) 금속 인쇄기계를 도입하여 대량생산을 하기 시작했다.
이 시기의 라벨은 주로 포장이나 봉인을 하는데 사용되었으나, 점차 상품이 다양해지고 범람하기 시작하자 오늘날에는 광고 및 선전의 기능에까지 확대되었다.
라벨은 여러 가지 종류의 원지(종이, 수지,비닐, PVC 등) 뒷면에 점착제(Self Adhesive)를 도포하여 원하는 규격대로 재단한 후, 그 원지 앞면에 상표를 인쇄하여 제작하는 라벨을 말한다. 이렇게 해서 완성된 실링형 라벨을 점착제가 발라진 원지 뒷면을 벗기고 상품에 부착하는 것이다.

■ 라벨의 종류

라벨의 종류에는 여러 가지가 있다. 우선 앞에서 설명한 실링 형태의 라벨을 점착라벨이라 부르며 제과, 식품, 음료, 약품, 화장품, 가정용품 등 거의 모든 제품에서 사용된다. 점착라벨은 상품의 가격과 종류를 표시한 가격라벨이나 바코드라벨에 이르기까지 그 응용분야가 매우 광범위하다.
두 번째로 접착라벨이라는 것이 있다. 이는 인쇄된 라벨 뒷면에 풀이나 본드를 발라 상품 표면에 붙이는 고형 부착방식의 라벨이다. 우표나 인증지, 봉함지 등이 여기에 속한다.
그리고, 의류라벨이라는 것도 있다. 의류라벨이란 일상에서 사용되는 의복에 사용하는 것으로 직조라벨과 취급주의 라벨, 행태그(Hangtag) 등이 있는데 이들 역시 우리가 일상 생활에서 어디서든 흔히 볼 수 있는 것들이다.
이 중 직조라벨과 취급주의 라벨은 섬유를 소재로 하여 상품의 이름이나 치수, 세탁방법 등을 표시한다. 특징은 점착제를 전혀 도포하지 않고 의류의 적당한 부분에 봉제하는 방식이라는 점이다. 특히 취급주의 라벨은 세탁을 해도 잘 지워지지 않도록 특수한 잉크를 사용한다.
행태그는 우리가 의류를 구입할 때, 의류의 바깥쪽 혹은 안쪽에 꼬리표 형식으로 달려 있는 라벨을 말한다.

이밖에도 라벨은 소재별과 부착형태로 분류할 수 있는데 이 중 소재별로 분류했을 경우, 가장 대표적인 것들을 몇 가지 소개하면 우선 가장 흔하게 접할 수 있는 종이류를 들 수 있다. 종이류에는 모조지, 아트지, 미라코트지, 금 · 은지 등이 있다.

두 번째로 필름이 있는데 OPP나 셀로판, 데드롱 등의 소재들이 널리 쓰인다. 상품의 봉함용으로 많이 사용되고 있는 필름은 특히 이미 인쇄된 내용을 투시할 수 있도록 투명 필름이 많이 사용된다.

부착형태로 분류했을 경우, 먼저 글루 어플라이드(Glue-Applied)형이 있다. 이것은 라벨에 미리 접착제를 바르지 않고 부착시에 접착제를 라벨에 도포하여 접착시키는 형태이다. 종이나 알루미늄 라미네이트 폴리프로필렌 등의 소재를 사용하며 주로 맥주나 음료 등에 사용된다.

두 번째로 열접착(Heat Seal)형이 있다. 이것은 라벨에 열을 가해 접착시키는 형태이다. 햄이나 치즈와 같이 냉장보관해야 하는 식품이나 의약품에 쓰인다.

세번째로 슬리브(Sleeve)형이 있다. 이 형태는 수축성이 있는 PVC와 같은 플라스틱 필름을 원통형으로 만들어 용기 위에 씌워 접착하는 라벨로서 페트병에 주로 사용된다.

이처럼 다양한 라벨은 라벨 인쇄기의 비약적인 발전에 힘입어 의외로 간단한 공정을 거쳐 완성된다. 평압식 라벨 인쇄기(Flat Letterpress Printing

다양한 라벨

Machine), 로터리식 라벨 인쇄기(ROotary Letterpress Printing Machine) 등 크게 2가지 종류가 있다. 이중에서 로터리식 라벨 인쇄기는 기존의 평압식 라벨 인쇄기에 비해 정밀도에서 우위를 차지하고 있어 현재 가장 널리 사용되고 있는 기계이다. 로터리식 라벨 인쇄기는 원지의 공급에서 인쇄, 채색, 성형, 재단에 이르기까지 한 기계에서 원스톱(One-Stop)으로 공정이 이루어진다.

(9) 전산폼 인쇄 (비지니스 인쇄)

■ 가장 많이 접하는 인쇄물

매달 만나게 되는 고지서들은 일반적인 인쇄기법으로는 제작이 불가능하다. 이른바 전산폼 인쇄라는 독특한 인쇄방식을 통해 제작되어진다. 한 달 동안 사용한 요금을 쉽게 확인하고 편리하게 납부하도록 제작되어지는 전산폼 인쇄는 흔히 지로라고도 말한다. 지로(Giro)란 원(Circle)이라는 뜻의 그리스어에서 유래한 말이다.
이는 각 은행의 지점망을 하나의 원으로 묶어 돈을 주고받아야 할 사람들의 자금 결제를 도맡아 처리해주는 '은행 계좌이체 제도' 를 뜻하는 말이다.

■ 전산폼의 제작공정

전산폼의 제작과정은 의외로 간단한데, 보통 전산폼 인쇄는 소형 윤전기로 이루어진다. 지로용지 등 금융권에 관계된 전산폼을 제작할 때는 금융결제원에서 정해주는 서식에 따라서 진행된다. 모든 결제를 금융결제원에서 관리하기 때문에 컴퓨터가 지로 용지를 인식하게끔 양식에 맞춰 제작하는 것이다.

도안 작업이 끝났으면 교정작업과 필름작업을 거쳐 PS, 플렉소판 제작을 한다. 이후 인쇄과정으로 넘어가는데 이때는 다색도 윤전 오프셋 인쇄기에서 진행된다. 이때 윤전기내에서 접지와 실 박음 등이 다 이루어져 하나의 완전한 형태의 용지가 나온다. 하나의 오프셋 기계에서 하루 100박스 정도 생산이 이루어진다. 이 과정에서 가장 주의해야 할 공정으로 도안시 컴퓨터 작업이 정교해야 한다는 것. 또 용지에 변형이 있어서도 안 된다. 지로번호나 요금, 계좌번호 등을 적는 라인컬러가 정확한 위치에 있지 않거나 변형이 생기게 되면 무용지물이기 때문에 컴퓨터 상에서 정확한 공정과 재질이 요구된다.

완성된 지로 용지를 살펴보면 종이의 양 옆에 마진알(구멍)이 규칙적으로 나있는 것을 볼 수 있다. 이것은 초창기 프린터기의 특성 때문에 생긴 것. 이 마진알의 개수를 보면 몇 인치(inch)인지를 알 수 있는 역할도 한다. 전산용지 단위는 기본적으로 inch(1inch=2.54cm)로 계산한다. 전산용지는 가로(inch)×세로(inch)×장수(ply)로 표기한다.

전산폼 인쇄

■ 참고문헌

김청, 「골판지 · 지기이야기」, 도서출판(주)포장산업, 2001

박도영 외, 「특수인쇄」, 성안당, 2001

박도영 외, 「평판인쇄」, 인쇄계사, 2002

오성상 · 여희교, 「그래픽아트&북바인딩 전문가되기」, 트랜드미디어, 2006

여희교, 「맞춤형 출판 · 인쇄의 현황과 활용방안에 관한 연구」, 건국대언론홍보대학원, 2004

편집부, 「인쇄대사전」, 인쇄문화출판사, 1992

池田一朗, 「特集印刷入門」, 印刷學會出版部, 1988

關根房一,「製本關知っておきたい基礎知識」,日本製本紙工新聞社, 1993

編集部, 「Printing Guide Book(ハイテーク編)」, 玄光社, 1999

編集部, 「Printing Guide Book(應用編)」, 玄光社, 1999

P · H Collin, 「DICTIONARY of PRINTING & PUBLISHING」, Peter Collin Publishing, 1989